蒋珍珠 ◎编著

AI

短视频生成与剪辑实战

108招

ChatGPT+剪映

清华大学出版社

北京

内容简介

本书通过12个专题内容、108个实用技巧、170多分钟的教学视频，讲解了AI短视频的生成与剪辑全流程，并随书附赠了108集同步教学视频、210多个素材效果、70多个书中案例关键词、5200多个绘画关键词等。具体内容按以下两条线展开。

一是技能线：详细讲解了ChatGPT、文心一格、Midjourney的使用方法，以及3种AI短视频生成方法——文本生视频、图片生视频和视频生视频。

二是案例线：介绍了运用剪映、腾讯智影、一帧秒创、必剪、快影、美图秀秀、不咕剪辑、Runway、KreadoAI、FlexClip等多种软件，剪辑与制作各种不同案例的方法，特别是电商案例、口播视频、影视解说、房产广告等。

本书内容由浅入深，以实战为核心，适合以下人群阅读：一是摄影、视频爱好者；二是AI短视频创作者、AI爱好者；三是影视行业工作者、自媒体工作者；四是网店、直播、房地产等行业的工作者；五是相关院校的学生。

图书在版编目（CIP）数据

AI短视频生成与剪辑实战108招：ChatGPT+剪映 / 蒋珍珠编著. —北京：清华大学出版社，2024.3
ISBN 978-7-302-65893-1

Ⅰ．①A… Ⅱ．①蒋… Ⅲ．①人工智能—应用—视频制作 Ⅳ．①TN948.4-39

中国国家版本馆CIP数据核字（2024）第065179号

责任编辑：贾旭龙
封面设计：秦　丽
版式设计：文森时代
责任校对：马军令
责任印制：刘海龙

出版发行：清华大学出版社
　　　　　网　　　址：https://www.tup.com.cn，https://www.wqxuetang.com
　　　　　地　　　址：北京清华大学学研大厦A座　　　　　邮　　编：100084
　　　　　社　总　机：010-83470000　　　　　　　　　　邮　　购：010-62786544
　　　　　投稿与读者服务：010-62776969，c-service@tup.tsinghua.edu.cn
　　　　　质　量　反　馈：010-62772015，zhiliang@tup.tsinghua.edu.cn
印　装　者：小森印刷（北京）有限公司
经　　　销：全国新华书店
开　　　本：185mm×260mm　　　印　　张：15　　　字　　数：289千字
版　　　次：2024年4月第1版　　　印　　次：2024年4月第1次印刷
定　　　价：89.80元

产品编号：103429-01

AI 技术在降低短视频创作门槛和难度的同时，也为短视频行业在技术和视觉方面的革新做了很多探索，让短视频创作获得了全新的发展空间。

ChatGPT 作为 AI 智能工具，可以为短视频创作提供主题、视频文案和剪辑参考，让短视频的生成变得更轻松。而操作难度低、功能强大的剪映与 ChatGPT 结合，可以让短视频的生成和剪辑更简单、更随性。然而，目前市场上关于 ChatGPT 和剪映联合使用的资料和书籍却相对稀缺。

秉持着科技兴邦、实干兴邦的精神，我们致力于为读者提供一种全新的学习方式，使大家能够更好地适应时代发展的需要。通过结合 ChatGPT 和剪映，我们为读者提供了 108 个实用技巧，从生成文案到绘制图片，再到短视频生成和剪辑，全面满足读者在 AI 短视频创作过程中的需求，其强调实际操作和实战应用，帮助大家在日常生活和工作中充分利用 AI 智能技术，体验人工智能在短视频生成和剪辑中的潜力和价值，提高短视频的创作效率与质量。

综合来看，本书有以下 3 个亮点。

（1）实战干货。本书提供了 108 个实用的技巧和实例，涵盖了 AI 文案、AI 绘图、AI 短视频生成、视频剪辑和综合案例等各个方面的内容。这些实战干货可以帮助读者快速掌握 AI 短视频生成与剪辑的核心技能，并将其应用到实际的生活和工作场景中。同时，本书还针对每个技巧以示例进行了详细的说明，并辅以760 多张彩插图解实例操作过程，以便读者更好地理解和应用所学知识。

（2）视频教学。本书为所有案例录制了同步的高清教学视频，共 108 集，大家可以用手机扫码，边看边学，边学边用。

（3）物超所值。本书除了介绍 ChatGPT 和剪映的使用方法，还介绍了文心一格、Midjourney、腾讯智影、一帧秒创、必剪 App、快影 App、美图秀秀

App、不咕剪辑 App、Runway、KreadoAI 和 FlexClip 这 11 个 AI 工具的操作技巧，读者花 1 本书的费用，可以同时学习 13 款软件的精华，并且随书赠送了 210 多个素材、效果文件，70 多个书中案例指令关键词，以及 5200 多个绘画关键词，方便读者实战操作练习，提高自己的 AI 短视频创作效率。

本书内容高度凝练，由浅入深，以实战为核心，无论是初学者还是有一定经验的老手，本书都能给予一定的帮助和借鉴。

特别提示：本书在编写时，是基于当时的软件界面截取的实际操作图片，但书从编辑到出版需要一段时间，在此期间，这些软件的功能和界面可能会有变动，请在阅读时，根据书中的思路，举一反三，进行学习。

还需要注意的是，即使是相同的关键词，AI 生成的效果也会有差别，因此在扫码观看教程视频时，读者应把更多的精力放在关键词的编写和实操步骤上。

特别提醒：尽管 ChatGPT 具备强大的模拟人类对话的能力，但由于其是基于机器学习的模型，因此在生成的文案中仍然会存在一些语法错误，读者需根据自身需求对文案进行适当修改或再加工后方可使用。

本书使用的软件版本：ChatGPT 为 3.5 版，Midjourney 为 5.1 版，剪映电脑版分别为 4.4.0 版和 4.6.0 版，剪映 App 为 10.9.0 版，必剪 App 为 2.42.0 版，快影 App 为 V 6.8.0.608003 版，美图秀秀 App 为 9.9.3.1 正式版，不咕剪辑 App 为 2.1.403 版。

本书由蒋珍珠编著，参与编写的人员还有李玲。提供素材和拍摄帮助的人员有向小红、邓陆英、苏苏、向秋萍、黄建波、巧慧等人，在此表示感谢。由于作者水平有限，书中难免有疏漏之处，恳请广大读者批评、指正。读者可扫描封底的"文泉云盘"二维码获取作者的联系方式，与我们交流沟通。

编　者
2024 年 1 月

第**1**章

ChatGPT：
掌握使用技巧与
实操方法

学习提示

　　AI（artificial intelligence，人工智能）可以帮助用户又快又好地完成短视频文案的创作，从而提升工作效率。而ChatGPT就是一款简单、实用的AI文案工具，掌握它的使用技巧和实操方法，用户就不必再为文案所困。

本章重点导航

◇ 掌握 ChatGPT 的使用技巧
◇ 利用 ChatGPT 生成脚本文案
◇ 生成 5 类常见的短视频文案

1.1 掌握 ChatGPT 的使用技巧

在 ChatGPT 中，用户每次登录账号后都会默认进入一个新的聊天窗口，而之前建立的聊天窗口则会自动保存到左侧的聊天窗口列表中。在新的聊天窗口中，用户可以使用合适的关键词获得 ChatGPT 生成的回复。

001 掌握生成回复的方法

扫码观看教学视频

登录 ChatGPT 后，将打开 ChatGPT 的聊天窗口，即可开始进行对话，用户可以输入任何问题或话题，ChatGPT 将尝试回答并提供与主题有关的回复，下面介绍具体的操作方法。

步骤 01 打开 ChatGPT 的聊天窗口，单击底部的输入框，如图 1-1 所示。

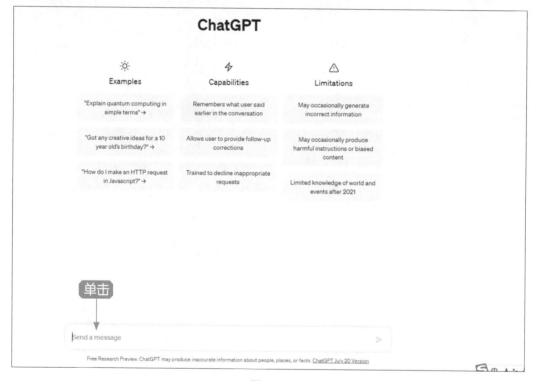

图 1-1

步骤 02 ❶输入相应的关键词，如 "介绍一下口播视频的种类，并做成表格"；❷单击输入框右侧的发送按钮 ▶ 或按 Enter 键，如图 1-2 所示。

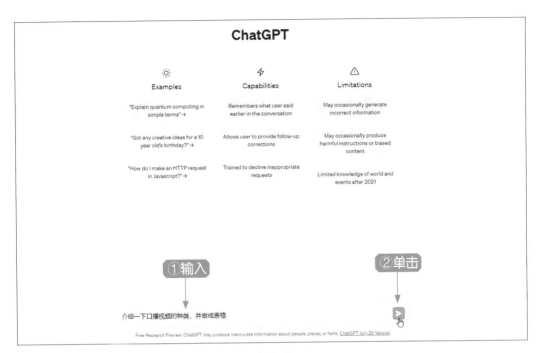

图 1-2

步骤 03 稍等片刻，ChatGPT 即可根据要求生成相应的表格，如图 1-3 所示。

图 1-3

002 使用指令模板生成专业回复

扫码观看教学视频

随着 ChatGPT 的应用场景不断扩大，使用人群不断增多，人们对 ChatGPT 生成更加专业性的回复的需求也不断增加。而掌握"问题背景＋任务需求＋行业专家模板或方法论"这一指令模板，能够帮助我们提高使用 ChatGPT 的效率，具体操作方法如下。

步骤 01 在 ChatGPT 的输入框中输入"你了解《金字塔原理》这本书中的理论吗？"，生成的回复如图 1-4 所示，由此确认 ChatGPT 了解相关的理论知识。

你了解《金字塔原理》这本书中的理论吗？

是的，我了解《金字塔原理》这本书。《金字塔原理》是由美国管理顾问Barbara Minto在1987年出版的一本经典商业书籍。这本书主要讲述了一种有效的思维和沟通方法，以帮助人们更清晰、更有条理地表达他们的想法。

该书的核心理论是通过将信息组织成类似金字塔形状的结构来提高沟通的效率和清晰度。金字塔的顶部代表主要结论或总体思想，接着是支持主要结论的三个或更多的论据或细节，而每个论据下面又可以有更多的细分。这种层次结构使得读者或听众更容易理解和记忆信息，同时也能更好地抓住核心观点。

该方法通常用于解决问题、撰写报告、准备演示或进行任何形式的商业沟通。它有助于确保思考过程清晰、逻辑严谨，从而增强沟通的效果。
总结一下，《金字塔原理》的主要观点是：

1. 主题句：清楚地阐述你的主要结论或想法。
2. 论据：用事实、数据或论点来支持你的主题句。
3. 细节：在每个论据下面，你可以添加更多细节来进一步解释和支持你的论据。

通过遵循这种层次结构，你可以更好地组织你的思维，使得你的观点更加明确和有力，同时也使得读者或听众更容易理解你的信息。

值得一提的是，这只是《金字塔原理》这本书的一个简要概述，实际阅读书籍将会更全面地了解这个方法及更多实际应用的例子。

图 1-4

步骤 02 在 ChatGPT 的输入框中输入"根据《金字塔原理》书中的理论，生成 7 个关于防晒衣的广告文案"，生成的回复如图 1-5 所示。可以看出，按照"问题背景＋任务需求＋行业专家模板或方法论"这一指令模板向 ChatGPT 进行提问，能够让 ChatGPT 生成更专业的回复。

根据《金字塔原理》书中的理论，生成7个关于防晒衣的广告文案

当使用《金字塔原理》的理论来撰写广告文案时，我们将重点放在传递主要优势和说服力的论据上，使得文案更有条理和易于理解。以下是七个关于防晒衣的广告文案，每个文案都遵循金字塔结构：

图 1-5

1. 主题句：阳光下的完美选择！
   → SPF 50+高级防护指数（论据）
   → 轻盈透气面料，舒适不黏腻（论据）
   → 让您尽情享受户外时光，健康、美丽双全（论据）
2. 主题句：健康肌肤，从防晒衣开始！
   → 抗紫外线科技，全面阻挡伤害（论据）
   → 时尚设计，展现个性风采（论据）
   → 让您的肌肤绽放青春光彩，自信迎接每一天（论据）
3. 主题句：夏日护航，防晒先行！
   → 专利防晒纤维，全方位保护（论据）
   → 高效防晒，远离晒黑困扰（论据）
   → 让您尽情释放活力，无忧享受炎炎夏日（论据）
4. 主题句：智护美肌，尽在防晒衣！
   → 高科技紫外线过滤技术（论据）
   → 环保材料，关爱自然环境（论据）
   → 让您的肌肤焕发青春光彩，展现自然之美（论据）
5. 主题句：夏日时尚，以防晒衣为潮流引领！
   → 设计师款式，时尚与防护完美结合（论据）
   → 轻薄贴合，自如穿梭于时尚舞台（论据）
   → 让您成为夏日焦点，展现独特个性（论据）
6. 主题句：户外探险，从防晒衣开始！
   → 有效隔绝紫外线，预防晒伤（论据）　　　　隔绝
   → 耐磨耐用，抵御外界挑战（论据）
   → 让您无惧户外环境，轻松征服大自然（论据）
7. 主题句：阳光美丽，呵护健康！
   → SPF 50 高效防护指数（论据）
   → 亲肤材质，关爱娇嫩肌肤（论据）
   → 让您绽放自然之美，自信迎接每一天（论据）

这些广告文案按照金字塔结构呈现，突出防晒衣的主要优势，帮助读者更好地理解
和接受产品的价值，从而增加其吸引力和影响力。

图 1-5（续）

003 使用固定指令生成需要的回复

扫码观看教学视频

当用户需要指定 ChatGPT 的语言风格、内容属性时，可以套用"你的角色【专业领域】+你的能力【成果期待】+我希望你【任务需求】"这一固定指令模板，让 ChatGPT 生成我们想要的回复。下面举例介绍对这一固定指令的运用。

例如，在 ChatGPT 的输入框中输入"你的角色是摄影类短视频博主，拥有 10 万的粉丝数量，能够拍出打动人心的旅游风景视频。现在你需要为广西柳州拍摄一个旅游宣传短视频，你将从哪些方面进行切入？"，生成的回复如图 1-6 所示。

可以看出，ChatGPT 通过指令识别了用户的需求，并为用户提供了比较中肯的建议，这些建议或多或少都能让用户有所启发。

你的角色是摄影类短视频博主，拥有10万的粉丝数量，能够拍出打动人心的旅游风景视频。
现在你需要为广西柳州拍摄一个旅游宣传短视频，你将从哪些方面进行切入？

作为一名摄影类短视频博主，我将从以下几个方面进行切入，为广西柳州拍摄一个打动人心的旅游宣传短视频：

1. 自然风光：广西柳州地处美丽的桂林山水区，我将聚焦柳州的自然风光，拍摄壮丽的山川、奇特的喀斯特地貌和优美的水域景观。用镜头捕捉大自然的美妙，让观众感受到柳州的独特魅力。
2. 文化遗产：柳州是一个历史悠久的城市，我将深入了解柳州的历史和文化，拍摄古老的建筑、传统的手工艺品以及民俗风情。通过镜头展现柳州的文化底蕴，让观众感受到这座城市的魅力与传承。
3. 美食体验：广西以其丰富多样的美食而闻名，柳州也不例外。我将前往当地的特色餐馆、夜市摊位等地，展示柳州独特的美食文化。透过视频，让观众感受到柳州的美味与人情味。
4. 人文风情：我会走访柳州的街头巷尾，拍摄市井生活和热情好客的当地居民。用镜头展现柳州人民的生活态度、笑容和热情，传递出柳州的人文魅力。
5. 旅游活动：我将关注柳州的各类旅游活动和节庆活动，例如民俗庙会、传统节日等，捕捉活动的欢乐氛围和独特场景，让观众感受到参与其中的愉悦和兴奋。
6. 创意元素：为了使视频更具吸引力，我会运用一些创意手法，如快速剪辑、动态镜头、流畅的过渡效果等，增加视频的视觉冲击力和观赏性。

通过以上方面的切入，我相信可以为广西柳州打造一部引人入胜、令人难忘的旅游宣传短视频，吸引更多游客前来探访这个美丽而独特的城市。

图 1-6

004 提供参考实例进行回复

用户在对 ChatGPT 进行提问时，可以提供一个具体的实例让其参考，等 ChatGPT 识别之后便可以生成令用户更加满意的回复，具体的操作方法如下。

扫码观看教学视频

步骤 01 在 ChatGPT 的输入框中输入 "'山朗润起来了，水涨起来了，太阳的脸红起来了'是描述春天万物苏醒的画面，请根据这类写法用一句话描述一下冬天"，得到的回复如图 1-7 所示。

"山朗润起来了，水涨起来了，太阳的脸红起来了"是描述春天万物苏醒的画面，请根据这类写法用一句话描述一下冬天

"山寂静冻结着，水凝固冰封着，太阳的脸苍白无力着。"

图 1-7

步骤 02 除了让 ChatGPT 根据实例进行仿写，用户还可以让 ChatGPT 对提供的实例进行修改，如输入 "请针对我的短视频片头文案，提供更有画面感和诗意的修改建议。以下是短视频的片头文案：寒冷的冬天悄然降临，大地被白雪覆盖，寂静而宁

谧。这个季节散发着独特的魅力，每一刻都仿佛是一幅美丽的画卷，让人陶醉其中"，ChatGPT 生成的回复如图 1-8 所示。可以看出，ChatGPT 根据要求对提供的文案实例进行了修改。

> ⓒ 请针对我的短视频片头文案，提供更有画面感和诗意的修改建议。以下是短视频的片头文案：寒冷的冬天悄然降临，大地被白雪覆盖，寂静而宁谧。这个季节散发着独特的魅力，每一刻都仿佛是一幅美丽的画卷，让人陶醉其中
>
> ⑤ 漫天飞舞的雪花，在冬日的静谧里舞动着。大地被银装素裹，仿佛一个纯净的画布。寒冷的冬风吹拂着面庞，却也激发内心深处的温暖。这个季节有着它独特的魅力，宛如诗人笔下的画境，美不胜收。每一刻都像一幅恍若隐现的水墨画，令人陶醉其中。

图 1-8

005 通过模仿语言风格生成回复

扫码观看教学视频

当用户不知道如何拟写指令才能够获得满意的回复时，可以让 ChatGPT 模仿语言风格，可从用户自身出发，提及自己喜欢的影视人物、动漫人物、作家等的语言风格，都可以要求 ChatGPT 进行模仿。但是，用户需要先确认 ChatGPT 对要模仿的对象是否有一定的了解，否则容易出现模仿失败的情况，具体操作方法如下。

步骤 01 在 ChatGPT 的输入框中输入"你了解鲁迅的小说风格吗？"，ChatGPT 生成的回复如图 1-9 所示，由此确认 ChatGPT 对鲁迅的小说风格的了解程度。

> ⓒ 你了解鲁迅的小说风格吗？
>
> ⑤ 是的，我了解鲁迅（1881年9月25日 - 1936年10月19日）的小说风格。鲁迅是中国现代文学的重要代表人物之一，被誉为"白话文运动"的领袖，他的作品对中国文学产生了深远的影响。
>
> 鲁迅的小说风格有以下几个特点：
>
> 1. 白话文写作：鲁迅是中国现代白话文的奠基人之一，他反对传统文言文，倡导用白话表达思想和情感。他的小说多采用白话，使作品更贴近普通人的语言习惯，容易被读者理解。
> 2. 冷峻的写实主义：鲁迅的小说揭示了社会的黑暗面和人性的丑陋，通过写实主义的手法展现社会现实，对封建社会和旧文化进行严厉的批判。他的作品往往表现出对社会不公和人性弱点的深刻关注。
> 3. 批判精神：鲁迅的小说作品中常常蕴含着对封建礼教、道德沦丧以及官僚腐败等社会问题的强烈批判。他毫不回避地揭示社会的弊病和不公，力图唤醒人们的觉醒意识。

图 1-9

4. 人物形象的塑造：鲁迅在小说中刻画了一大批深入人心的人物形象，这些形象往往是社会底层的弱者、受害者，或者是被旧社会压迫束缚的个体。他的人物形象丰满、生动，富有个性和鲜明特点。

5. 黑色幽默：尽管鲁迅的作品通常反映了悲惨的社会现实，但他经常以一种黑色幽默的手法来处理主题。这种幽默并不掩饰问题的严重性，而是通过讽刺和戏谑来凸显社会的荒谬和矛盾。

鲁迅的小说作品如《狂人日记》《阿Q正传》《药》《孔乙己》等，被广泛认为是中国现代文学的经典之作，也是对中国社会现实的深刻思考和反思。

图 1-9（续）

步骤 02 在 ChatGPT 的输入框中输入"以鲁迅的小说风格，写一则短篇讽刺小说，300 字以内"，ChatGPT 会根据指令生成相应的小说，如图 1-10 所示。

以鲁迅的小说风格，写一则短篇讽刺小说，300字以内

标题：悟空先生的奇妙行为

在一个普通的小镇上，住着一位名叫悟空先生的人。他身着古怪的衣服，头戴奇形怪状的帽子，总是一副超然的神情，让镇上的居民百思不得其解。

悟空先生有个怪癖，喜欢在大街上张扬自己的"超能力"。他经常自称可以变出各种美食，只要他喊上一声，便会有珍馐美味出现在他的面前。然而，每次围观的人们只看到他手里空空如也，不禁心生嘲讽。

他还号称能够与动物对话。有一次，他在街上与一只流浪狗对话，宛如密谈旧友，但众人听见的却只是他一个人在自言自语，引得一阵哄笑。

悟空先生还喜欢宣称自己是一位超凡脱俗的文学家，写出了许多震撼人心的作品。然而，他的所谓作品却始终没有人能看到，据说他总是在深夜时分将作品投向大海，因为只有大海能理解他的心意。

镇上的孩子们最喜欢戏弄悟空先生。有一天，几个调皮捣蛋的孩子捧着一张白纸来找他，宣称这是最新的"超级小说"，要悟空先生品鉴。他接过纸张，一本正经地看了一阵，然后点头赞许，说道："妙极了！这是我写过的最棒的作品！"

孩子们哈哈大笑，原来纸上什么都没有，只是他们捏造的玩笑。悟空先生却依然一脸认真，仿佛真的在欣赏着一篇杰作。

这样的奇特行为引来了许多讽刺和调侃，但悟空先生似乎从未察觉他所受到的嘲笑。他依然在镇上肆意地表演他的"超能力"，自得其乐。

小镇的人们也习惯了他的存在，开始将他看作一道奇特的风景线。大家常常在夜晚相聚一堂，谈笑风生地议论着这位神秘的悟空先生，暗自感叹世间之人无奇不有，而生活又何尝不是一场滑稽的戏剧呢？

图 1-10

1.2 利用 ChatGPT 生成脚本文案

掌握了 ChatGPT 的使用技巧，接下来用户就可以利用 ChatGPT 生成富有创意的短视频脚本文案，从而创作出吸引人的短视频内容。

📖 006 策划短视频主题

扫码观看教学视频

用户可以在 ChatGPT 中通过输入相关主题、情节、角色、对话等信息，启发 ChatGPT 生成富有创意的短视频脚本。这样，用户就能够更快地创作出吸引人的短视频内容，提高短视频的质量和观众的参与度。

制作短视频的目的是吸引观众的注意力，传达信息和情感，因此用户首先要策划一个好的主题，具体操作方法如下。

步骤 01 在 ChatGPT 的输入框中输入"帮我推荐 10 个热门短视频话题"，ChatGPT 的回复如图 1-11 所示。

> 帮我推荐10个热门短视频话题
>
> 当涉及短视频话题时，要选择热门和吸引人的主题，以下是一些建议：
>
> 1. 宠物趣事：展示有趣和可爱的宠物瞬间，它们的滑稽行为和俏皮表情总能成为观众的笑点。
> 2. 美食探险：展示各种美味的食物，独特的餐厅或者创新的烹饪方法，美食视频总是备受欢迎。
> 3. 手工DIY：人们喜欢学习新的手工技巧和创意DIY项目，尤其是能够为家居、服饰等添加个性风格的视频。
> 4. 健身挑战：分享锻炼和健身挑战的过程和成果，吸引对健康和健身有兴趣的观众。
> 5. 时尚穿搭：展示流行的时尚穿搭，搭配不同的服饰风格，吸引时尚爱好者。
> 6. 音乐表演：展示自己的音乐才华，无论是唱歌、演奏乐器还是跳舞，都能够吸引大量观众。
> 7. 搞笑模仿：通过模仿名人、角色或搞笑情境，制造欢乐的气氛。
> 8. 旅行日记：分享旅行经历和风景如画的目的地，吸引喜欢探索和冒险的观众。
> 9. 喜剧短片：制作有趣、富有创意和幽默感的短片，让观众捧腹大笑。
> 10. 艺术创作：展示绘画、雕塑、摄影等艺术创作过程，吸引对艺术有兴趣的观众。
>
> 这些短视频话题都有很大的吸引力，但要确保你的内容独特、有趣，以吸引更多的观众。同时，要注意遵守平台的内容政策和法规，以保持良好的用户体验。

图 1-11

步骤 02 有了话题，就可以让 ChatGPT 列出某个大类目下的一些子主题，为用户提供更多的视频主题参考，如在 ChatGPT 的输入框中输入"关于 # 时尚穿搭，给我 10 个子主题建议"，ChatGPT 的回复如图 1-12 所示。

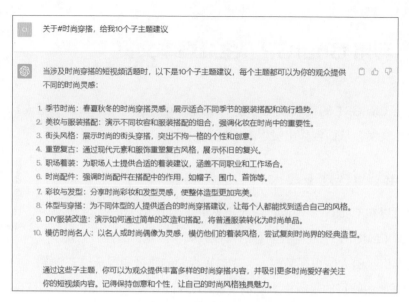

图 1-12

步骤 03 有了合适的子主题，用户就可以让 ChatGPT 构思视频创意，输入"关于时尚穿搭中的职场着装,提供不同职业和工作场合的着装建议等,要作为分享人来说,不需要很强的营销口吻,为我再提供 10 个视频创意"，ChatGPT 的回复如图 1-13 所示。

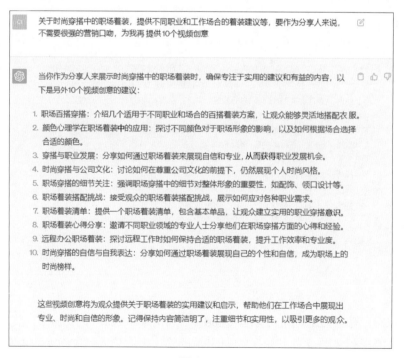

图 1-13

步骤 04 有了视频创意，用户就可以进行脚本文案的生成了，另外还可以根据视频创意让 ChatGPT 拟写视频标题，也可以试着让 ChatGPT 加入一些数字，这样更有说服力，输入"根据'职场百搭穿搭：介绍几个适用于不同职业和场合的百搭着装方案，让观众能够灵活地搭配衣服'这个内容，帮我写 10 个热门的短视频标题，并在其中加一些数字"，ChatGPT 的回复如图 1-14 所示。

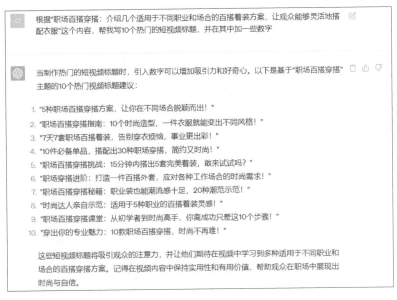

图 1-14

007 生成短视频脚本

扫码观看教学视频

有了短视频主题后，用户即可让 ChatGPT 根据这个主题生成详细的脚本内容，具体操作方法如下。

步骤 01 在 ChatGPT 的输入框中输入"根据'职场百搭穿搭挑战：15 分钟内搭出 5 套完美着装，敢来试试吗？'这个标题，写一个抖音短视频脚本。要求：用分享人口吻，语气要惊喜、轻松，内容要符合平台规则，不要用极限词"，ChatGPT 的回复如图 1-15 所示。

图 1-15

镜头切换：

第一套：经典优雅

主持人：第一套咱们来个经典优雅风！（打开衣橱）看看这条简约的黑色西裤，搭配一件白色衬衫，简直是职场必备！（翻找）啊！还有一件亮色的丝巾，点缀一下，让整体更有亮点！完美！

镜头切换：

第二套：时尚随性

主持人：下一套，我们来点时尚随性的感觉！（翻找）哎呀，这条牛仔裙太适合夏天啦！搭配一件清爽的白T恤，帅气又不失女人味！再配上一双舒适的平底鞋，简直就是职场行走的时尚icon！

镜头切换：

第三套：轻松知性

主持人：接下来，咱们试试轻松知性的风格！（翻找）哎呀，找到了！这条中长款连衣裙，搭配一件淡蓝色的短款针织外套，优雅又不失可爱！还可以搭配一双小白鞋，简直是职场甜心！

镜头切换：

第四套：干练帅气

主持人：第四套，咱们来个干练帅气风！（翻找）这件黑色西装外套绝对是职场利器！搭配一条修身长裤，霸气十足！再加上一件简约的素色衬衫，无论是会议还是洽谈都能 hold 住！

镜头切换：

第五套：文艺清新

主持人：最后一套，我们来个文艺清新风！（翻找）这条印花裙真是太美了！搭配一件薄纱的长外套，增添几分神秘感！再配上一双小高跟鞋，职场小仙女驾到！

主持人：（拿着五套衣服，笑着）怎么样？15分钟内就完成了这五套百搭职场穿搭挑战！你也可以轻松应对各种场合，展现不同的自信风采！喜欢的话，记得点赞分享哦！我们下期节目再见！拜拜！（挥手道别）

场景：镜头慢慢远离，画面淡出。

（注：此脚本符合抖音平台规则，内容轻松有趣，没有使用极限词。）

图 1-15（续）

步骤 02 输入"请详细展开叙述一下"，ChatGPT 即可生成更加详细的脚本文案，如图 1-16 所示。

请详细展开叙述一下

当镜头打开，我们看到主持人站在一个整洁的房间中，背景是一个充满时尚感的衣橱。主持人满脸兴奋的表情，向镜头挥手打招呼。

图 1-16

主持人：Hi 大家好！欢迎来到今天的抖音穿搭挑战节目！我是你们的主持人（说话语速轻快，语气充满了期待），今天我要带你们体验一场激动人心的职场百搭穿搭挑战！准备好了吗？

摄像机跟随着主持人，开始展示衣橱里的各种服装。主持人热情地介绍第一套穿搭。

主持人：咱们先来看看第一套！（打开衣橱）WOW！这里有一条简约的黑色西裤，简直是职场的基本款！再搭配一件白色衬衫，经典又不失优雅。我保证你穿上它就是职场的风云人物！

随着主持人的描述，镜头逐渐展示出这套经典优雅的穿搭。主持人接着展示了配饰的选择。

主持人：而且，我们还有一个小秘密武器！（找到丝巾）看看这个亮色的丝巾，简直是点睛之笔！让整体穿搭更有亮点，嗯！

镜头再次切换，来到第二套穿搭。

主持人：接下来，我们来点时尚随性的感觉！（翻找）哎呀，这条牛仔裙太适合夏天啦！搭配一件清爽的白T恤，帅气又不失女人味！再配上一双舒适的平底鞋，简直就是职场行走的时尚icon！

随着主持人的解说，镜头展示了这套时尚随性的职场穿搭。主持人快速地切换到下一套。

主持人：第三套，我们来试试轻松知性的风格！（翻找）啊，找到了！这条中长款连衣裙，搭配一件淡蓝色的短款针织外套，优雅又不失可爱！还可以搭配一双小白鞋，简直是职场甜心！

镜头继续切换，展示第四套穿搭。

主持人：怎么能忘记我们的干练帅气风？（翻找）这件黑色西装外套绝对是职场利器！搭配一条修身长裤，霸气十足！再加上一件简约的素色衬衫，无论是会议还是洽谈都能hold住！

随着主持人的介绍，镜头展示了这套干练帅气的职场穿搭。最后，主持人带来了第五套穿搭。

主持人：最后一套，我们来个文艺清新风！（翻找）这条印花裙真是太美了！搭配一件薄纱的长外套，增添几分神秘感！再配上一双小高跟鞋，职场小仙女驾到！

镜头切换，展示了这套文艺清新的职场穿搭。

主持人：（拿着五套衣服，笑着）怎么样？15分钟内就完成了这五套百搭职场穿搭挑战！你也可以轻松应对各种场合，展现不同的自信风采！喜欢的话，记得点赞分享哦！我们下期节目再见！拜拜！（挥手道别）

镜头慢慢远离，画面淡出，视频结束。

这样的抖音短视频脚本通过主持人的分享口吻、兴奋语气以及详细展示每套穿搭，让观众在轻松愉快的氛围中了解到不同职场风格的穿搭技巧。同时，没有使用极限词，符合抖音平台规则，内容生动有趣，能够吸引更多用户观看和参与讨论。

图 1-16（续）

008 生成分镜头脚本

扫码观看教学视频

分镜头脚本文案是用来描述短视频中每一个镜头的内容和细节的文稿，它通常包含标题、场景描述、景别、运镜、台词或对白、道具、节奏和节拍等要素，用户在撰写分镜头脚本文案时可以根据具体的需求安排这些要素。下面介绍运用 ChatGPT 生成分镜头脚本文案的具体方法。

步骤 `01` 在 ChatGPT 的输入框中输入对话前提，如输入"分镜头脚本文案是什么"，生成的回复如图 1-17 所示，确认 ChatGPT 了解分镜头脚本文案。

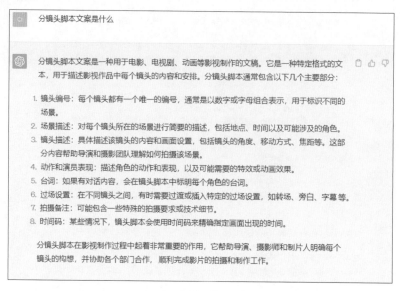

图 1-17

步骤 `02` 为 ChatGPT 设定身份，让其根据身份属性完成任务。例如，输入"你是一名专业的美食博主，正在写一个关于美食探店的脚本，场景发生在一家有百年历史的面馆里，脚本中需要包括当下短视频热门元素，开篇 5 s 迅速吸引人的眼球，中间有反转，结尾有惊喜，文案侧重于情绪表达。脚本用表格的形式呈现以下内容：分镜序号、景别（中、近、远、特写等镜头）、画面描述、对话台词（包括人物对话时的动作、语言、神态等，越详细越好）、背景音乐（给出具体的歌曲名称）"，生成的分镜头脚本文案如图 1-18 所示。

图 1-18

2	中景	镜头切换至店内，人们用餐的场景。	旁白：欢迎来到这家百年面馆，这里的面，是一种传承与美味的结合。	《Memories》
3	远景	镜头切换至厨房，厨师正在熟练地操作面条。	（无对话）	《The Art of Food》
4	特写	镜头聚焦在一位老板娘慈祥的笑容上。	老板娘：欢迎来我们店尝尝正宗的百年味道。	《Home Sweet Home》
5	中景	店内的人们用餐愉快，满足的表情。	旁白：看着这些满意的笑容，你是否也感受到了这份美味的情感？	《Happy Times》
6	远景	镜头展现面馆外的招牌，夜幕降临，灯光亮起。	（无对话）	《Nostalgia》
7	近景	镜头聚焦在一位食客吃面的手部动作。	旁白：一口面，一口回忆。	《Comfort Food》
8	特写	镜头切换至食客的表情，表现出意外和惊喜。	食客：（惊讶）这面真是太好吃了！	《Taste of Joy》
9	特写	镜头聚焦在老板娘欣慰的笑容。	老板娘：（自豪）感谢您的夸奖，这是我们一直以来的坚持。	《Proud Moments》
10	结尾	连续剪辑，展示更多食客满意的表情和用餐画面。	旁白：这里，不仅有美食，更有百年的情感传承。	《Good Times》

（注意：以上歌曲名称仅为示例，实际选用的背景音乐应根据实际情感表达和影片风格来选择。）

图 1-18（续）

可以看出，ChatGPT 生成的分镜头脚本文案要素很全，也满足了我们提出的各项要求，但是其对短视频整体内容的意蕴和深度的把握还不够，而且对短视频热门元素了解得不多，因此这个分镜头脚本文案仅起到一定的参考作用，具体的运用还需结合用户的实战经验和短视频文案的类型。

009 生成短视频标题

扫码观看教学视频

除了可以策划主题和生成脚本，ChatGPT 还可以用来生成短视频标题。短视频标题是对短视频主体内容的概括，能够起到突出视频主题、吸引受众观看视频的作用。短视频标题通常会与 tag 标签一起呈现在短视频平台中，如图 1-19 所示。

因此，用户在运用 ChatGPT 生成短视频标题文案时，需要在关键词中提到连同 tag 标签一起生成。下面介绍运用 ChatGPT 生成短视频标题文案的具体操作方法。

步骤 01 直接在 ChatGPT 的输入框中输入需求，如输入"提供一个主题为'好书分享'的短视频标题文案，并添加 tag 标签"，生成的回复如图 1-20 所示。可以看出，ChatGPT 按照要求提供了中规中矩的文案参考。

图 1-19

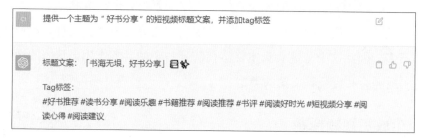

图 1-20

步骤 02 对 ChatGPT 生成的标题文案提出修改要求，在输入框中输入"短视频标题文案的要求：1. 突出受众痛点；2. 能够快速吸引人的眼球，并使受众产生观看视频内容的兴趣。根据要求重新提供标题文案"，生成的回复如图 1-21 所示。

图 1-21

步骤 03 让 ChatGPT 根据某一个短视频平台的特性和受众需求，生成对应的标题文案。例如，输入"抖音上的短视频标题文案通常是'如果只能给你们推荐一本书，那么我会推荐这本''这本书可以帮你找到成长的回复''钝感是种能力，需要刻意练习（引用书中的话）'等语言风格。请按照抖音上的文案写法，重新提供一个标题文案"，生成的回复如图 1-22 所示，使标题文案更加符合用户要求。

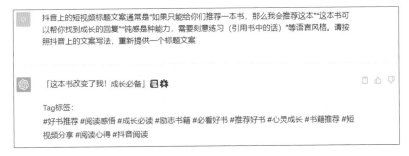

图 1-22

1.3 生成 5 类常见的短视频文案

短视频文案因其表达内容和写作手法的不同，表现为不同的类型，如有互动体验类视频文案、情节叙事类视频文案、干货分享类视频文案、影视解说类视频文案和电商类视频文案等。用户在运用 ChatGPT 生成短视频文案时，可以结合其类型撰写关键词。

📖 010 生成互动体验类视频文案

互动体验类视频文案是指在视频中用于描述、引导和激发受众参与互动的文字内容，其最主要的目的是吸引受众的注意力，并引导受众积极参与视频中的活动。运用 ChatGPT 生成互动体验类视频文案，需要用户输入具体的需求和恰当的关键词，具体操作方法如下。

扫码观看教学视频

步骤 01 在 ChatGPT 的输入框中输入对话前提，如输入"提供互动体验类视频文案示例"，生成的回复如图 1-23 所示，判断 ChatGPT 是否了解互动体验类视频文案。可以看出，ChatGPT 给出了能够引导受众参与互动的文案。

步骤 02 在 ChatGPT 的输入框中输入具体需求，如输入"用互动体验类视频文案的写法，为主题是宣传新开业的手工陶艺店铺，提供一篇完整的视频文案，字数在150 ～ 300 字"，生成的回复如图 1-24 所示。

提供互动体验类视频文案示例

当提供互动体验类视频文案时，重要的是要吸引观众的注意力并激发他们的兴趣。以下是一些互动体验类视频文案示例：

1. "准备好探索未知的奇妙世界了吗？跟随我们一起启程，揭开神秘面纱，发现你从未见过的精彩！点击开始冒险之旅！"
2. "别再是一个旁观者，成为游戏中的英雄！在这个充满冒险和挑战的虚拟世界里，只有最机智的人才能胜出。你敢来试试吗？"
3. "看似平凡的一天，却蕴藏着无数惊喜等待着你。用手指点击屏幕，解锁属于你的惊喜时刻！"
4. "快来参与我们的趣味问答，考验你的知识智慧！不仅能学到新知，还能赢取丰厚奖品！现在就点击加入，展示你的聪明才智！"
5. "沉浸式体验，仿佛置身其中！戴上VR头盔，我们将带你穿越时空，亲临历史重要时刻，感受真实的震撼与感动。立即体验，重温历史的壮丽画卷！"
6. "解谜高手，集合起来！在这个充满谜题和谜团的世界里，只有最智慧的你才能找出所有的答案。开始挑战，展现你的独特洞察力！"
7. "互动演艺，你做导演！现在你可以掌控剧情走向，选择角色的命运，创造属于自己的结局。快来体验，成为你想成为的人！"
8. "随时随地，与全球玩家同乐！加入我们的多人在线游戏，与来自世界各地的朋友一起战斗、合作，体验真正的社交游戏乐趣！"
9. "心跳加速，紧张刺激！我们的互动恐怖体验将带你进入一个充满恐怖与惊悚的世界。敢不敢一探究竟？"
10. "用你的艺术创意点亮世界！在这个充满奇幻色彩的创作空间里，释放你的想象力，创造属于你的绘画奇迹。现在就动手，展示你的绝妙创意！"

这些文案旨在吸引观众的好奇心和参与欲望，使他们感到兴奋和愿意参与其中。同时，语言要简洁明了，让人一目了然，切忌过于冗长。最后，确保文案内容与视频内容 相匹配，不要让观众产生落差感。

图 1-23

用互动体验类视频文案的写法，为主题是宣传新开业的手工陶艺店铺，提供一篇完整的视频文案，字数在150～300字

标题：释放创造力，点亮艺术之光！全新手工陶艺店隆重开幕！

文案：
在这个匆忙的都市，你是否渴望一份与众不同的独特体验？现在，一扇全新的艺术之门即将为你打开！我们自豪地宣布，一家充满艺术气息的手工陶艺店即将隆重开幕！准备好领略艺术的魅力了吗？

✿ 手工陶艺，让你亲手创造独一无二的艺术品！
✿ 热爱陶艺的专业导师，将为你传授独特的陶艺技巧！
✿ 轻松愉悦的氛围，让你在创作中找到心灵的安宁！

这里是创意无限的陶艺天地，等待着你的陶艺之旅！无论是捏塑、刻画，还是绘画，你都能在这里找到属于自己的陶艺风格。每一件作品都是心灵的延伸，每一次创作都是灵感的迸发。

别再犹豫，将你的创意与我们一同点亮！快来参与我们的开业庆典，感受泥土的触感，与我们一起畅想陶艺的无限可能！点击下方链接预约，赢取免费陶艺体验的机会！

⯈ 预约链接：[在此处添加预约链接]

踏入全新艺术殿堂，从此开启你的陶艺之旅！我们热切期待你的光临，与你一同创造不可思议的陶艺艺术！记得在开业庆典当天出现哦！我们将为你准备惊喜大礼，一起共度充满艺术魅力的时光！

#手工陶艺店开业 #释放创造力 #陶艺艺术体验 #与众不同

图 1-24

用户在获得 ChatGPT 给出的文案之后，还可以对文案的语言风格、内容结构等进行优化调整，并引导 ChatGPT 生成与视频主题相契合的脚本文案。

011 生成情节叙事类视频文案

扫码观看教学视频

情节叙事类视频文案是指以讲故事的形式描述视频内容的文字。这类文案通常可协助镜头语言呈现现实生活或反衬、映射现实生活，以讲故事的方式引人入胜。

情节叙事类视频文案的题材内容包括但不限于亲情、爱情、友情等关乎人类情感的故事。现今，在各大短视频平台中，最为热门的情节叙事类视频文案是创作者虚构一个爱情故事，将其作为视频脚本，用镜头的方式呈现出来。

用户运用 ChatGPT 生成情节叙事类短视频文案时，也可以先让 ChatGPT 虚构一个故事，然后让 ChatGPT 将故事改成视频脚本，具体操作方法如下。

步骤 01 让 ChatGPT 虚构一个故事，如在输入框中输入"提供一个关于男女主邂逅的故事，包括比较独特的场景、人物对话和心理独白，200 字以内"，生成的回复如图 1-25 所示。

> 提供一个关于男女主邂逅的故事，包括比较独特的场景、人物对话和心理独白，200字以内
>
> 在某个寒冷的冬日，男主角凯文在空荡荡的公园里绘画，他希望用艺术表达内心情感。女主角艾娜是一位寻找灵感的作家，偶然走进公园。看到凯文的绘画，她好奇地走过去。
>
> 凯文（心理独白）：哇，她真美！她的目光中充满着智慧和温柔，仿佛所有的灵感都围绕着她。
>
> 艾娜：你的画作很特别，有着独特的情感流露。
>
> 凯文：（脸红）谢、谢谢你的夸奖。
>
> 艾娜：我是作家，名叫艾娜。或许我们可以相互启发，一同创作。
>
> 凯文：太好了，我也想寻找一位灵感伴侣。
>
> 他们一起创作，凝聚着彼此的灵感。随着时间流逝，他们的感情渐渐升温。
>
> 艾娜（心理独白）：每天和凯文在一起，我感到无比幸福。他的绘画为我的文字增色不少。
>
> 凯文（心理独白）：她的文字，如此美丽而又深刻，每一次读她的作品，都像是一次心灵的洗礼。
>
> 寒冷的冬日，见证了两颗心的邂逅。他们在创作的路上携手前行，共同书写属于他们的独特故事。

图 1-25

步骤 02 让 ChatGPT 将虚构的故事生成视频脚本，如在输入框中输入"将上述故事用镜头脚本的方式呈现出来。镜头脚本要以表格的方式呈现以下内容：分镜序号、

景别（中、近、远、特写等镜头）、画面描述、对话台词（包括人物对话时的动作、语言、神态等，越详细越好）、背景音乐（给出具体的歌曲名称）"，生成的回复如图 1-26 所示。可以看出，ChatGPT 对景别的理解和对背景音乐的把控不够准确，因此其脚本只作为参考。

将上述故事用镜头脚本的方式呈现出来。镜头脚本要以表格的方式呈现以下内容：分镜序号、景别（中、近、远、特写等镜头）、画面描述、对话台词（包括人物对话时的动作、语言、神态等，越详细越好）、背景音乐（给出具体的歌曲名称）

分镜序号	景别	画面描述	对话台词	背景音乐
1	远景	公园的冬日景色，白雪皑皑，空荡荡的画面。	无	寒冬的回忆
2	近景	凯文拿着画笔，专注地在画纸上勾勒。	无	寒冬的回忆
3	特写	画笔在画纸上流畅地划过，描绘着凯文内心的情感。	无	寒冬的回忆
4	中景	艾娜走进画面，目光被吸引，停下脚步。	无	寒冬的回忆
5	特写	艾娜的目光聚焦在凯文的画作上，露出好奇的表情。	无	寒冬的回忆
6	近景	凯文听到脚步声回过头，看到艾娜。	凯文：（脸红）谢、谢谢你的夸奖。	寒冬的回忆
7	中景	艾娜微笑着，走向凯文，与他面对面。	艾娜：你的画作很特别，有着独特的情感流露。	寒冬的回忆
8	近景	凯文腼腆地低下头，略带紧张地回答。	凯文：（脸红）谢、谢谢你的夸奖。	寒冬的回忆
9	中景	艾娜向凯文伸出手，邀请他合作。	艾娜：我是作家，名叫艾娜。或许我们可以相互启发，一同创作。	寒冬的回忆
10	近景	凯文愉快地握住艾娜的手，表示愿意合作。	凯文：太好了，我也想寻找一位灵感伴侣。	寒冬的回忆
11	中景	凯文和艾娜并肩坐在公园的长椅上，创作着各自的作品。	无	寒冬的回忆
12	中景	时间流逝，画面呈现两人在公园不同角落创作的场景。	无	寒冬的回忆
13	近景	艾娜看着凯文的画作，露出赞赏的笑容。	无	寒冬的回忆
14	近景	凯文读着艾娜的作品，神情渐渐入迷。	无	寒冬的回忆
15	中景	寒冷的冬日，两人一起创作的画面，彼此都感到幸福。	无	寒冬的回忆

背景音乐: 寒冬的回忆 (Winter Memories) - Instrumental Piano Music

图 1-26

012 生成干货分享类视频文案

干货分享类视频文案是指在视频内进行知识分享、实用性技能传授的文字描述，能够帮助受众丰富自己的知识、提高能力或解决问题。

扫码观看教学视频

这类文案的呈现方式可以是图文视频，也可以是口播视频。下面介绍运用 ChatGPT 生成干货分享类视频文案的具体操作方法。

步骤 01 让 ChatGPT 生成对话前提，在输入框中输入 "提供完整的口播视频脚本文案示例"，生成的回复如图 1-27 所示，确认 ChatGPT 了解口播视频脚本文案的写法。

提供完整的口播视频脚本文案示例

当准备一个口播视频脚本时，需要考虑内容的流畅性、连贯性和吸引力。以下是一个简单的旅游口播视频脚本示例：

标题：探索美丽的海滨小镇

音乐：轻快愉悦的旅游音乐

（视频开场，展示美丽的海滨风光）

主持人（旁白）：大家好！欢迎来到《海滨漫游》节目。我是您的主持人艾米丽。今天，我将带您来到这个美丽的海滨小镇，与您一起探索这里的风光和独特之处。

（画面切换，展示沙滩、海浪和阳光明媚的景色）

主持人（旁白）：首先，让我们来到这里的沙滩。细软的沙子、蔚蓝的海水，以及温暖的阳光，构成了一个完美的度假胜地。这里的海滩适合游泳、冲浪，还有沙滩排球。您可以尽情享受阳光的温暖和海浪的拥抱。

（画面切换，展示小镇的独特建筑和当地美食）

主持人（旁白）：除了美丽的海滩，这个小镇还拥有独特的建筑和文化。您可以漫步在青石板铺就的街道上，欣赏迷人的欧式风情。小镇上还有许多当地特色的小吃和美食，如新鲜的海鲜、传统的糕点，绝对会让您的味蕾得到满足。

（画面切换，展示当地文化和民俗活动）

主持人（旁白）：在这个海滨小镇，您还可以亲身体验当地的文化和民俗活动。比如，他们每年举办的海滨音乐节，吸引了众多音乐爱好者前来欣赏。还有丰富多彩的手工艺市集，您可以选购到许多独特的纪念品。

（画面切换，展示壮丽的日落景色）

主持人（旁白）：当然，不能错过的还有这里的壮丽日落。每天傍晚，夕阳的余晖将整个海滨染上金色，美得让人陶醉。如果您喜欢浪漫的氛围，那一定不能错过这美景。

主持人（对着镜头）：感谢大家收看我们的《海滨漫游》节目。希望您喜欢这个美丽的海滨小镇，也期待您在未来能够来到这里亲身体验。记得订阅我们的频道，关注更多精彩的旅游内容。下期节目再见！

音乐渐弱，屏幕逐渐淡出。

注意：以上脚本只是一个简单的示例，实际情况中，您需要根据视频内容、目标观众和时长等因素进行适当的调整和完善。脚本的表达要生动有趣，同时要确保内容的准确性和吸引力，让观众产生强烈的兴趣和愿望去探索这个美丽的海滨小镇。

图 1-27

步骤 02 赋予 ChatGPT 身份，让 ChatGPT 从专业角度进行知识分享，在输入框中输入 "你是一名厨师，现在需要你分享一些专业的家常菜制作技巧，以口播视频脚本文案的方式来分享"，生成的干货分享类视频文案如图 1-28 所示。

你是一名厨师，现在需要你分享一些专业的家常菜制作技巧，以口播视频脚本文案的方式来分享

标题：厨师秘籍：专业家常菜制作技巧揭秘！

音乐：欢乐、轻快的厨房音乐

（视频开场，展示整洁的厨房环境）

主持人（旁白）：大家好！我是您的厨师主持人，今天我将与您分享一些专业的家常菜制作技巧，让您的家常菜品更加美味，让全家人都称赞您的厨艺！

（画面切换，展示食材准备）

主持人（旁白）：首先，让我们从食材准备开始。在烹饪前，确保所有食材都洗净、切好，并按照食谱要求进行分类。这样在烹饪过程中，您就能更加得心应手，提高效率。

（画面切换，展示刀工技巧）

主持人（旁白）：刀工是烹饪的基本功，也是展现厨艺水平的关键。学习正确的刀工技巧能够让您的菜肴更加美观，烹调时受热更加均匀。切菜时要保持刀刃锋利，切割姿势稳定，小心手指，提高安全性。

（画面切换，展示火候掌握）

主持人（旁白）：火候控制是烹饪的重要环节。不同的家常菜品需要不同的火力和烹调时间。例如，爆炒时要保持高温，而炖煮则要用文火慢炖。学会掌握火候，您的菜肴将更加入味，色香味俱佳。

（画面切换，展示调味品运用）

主持人（旁白）：调味是调整菜品口感的关键步骤。除了常见的盐、酱油，您还可以运用各类香料、调味料丰富菜品的层次感。要注意适量，先少量试尝，再调整口味，让每一道家常菜都成为一道美味佳肴。

（画面切换，展示摆盘技巧）

主持人（旁白）：最后一个环节是摆盘。美观的摆盘能为家常菜增色不少。您可以用花样刀工切割蔬菜，或者运用不同颜色的食材进行组合，打造一种视觉上的享受。

主持人（对着镜头）：感谢大家收看《厨师秘籍》节目。希望这些专业的家常菜制作技巧能够对您有所帮助，让您的烹饪水平再上一层楼。下次为家人做一顿美味的家常菜时，不妨尝试一下这些技巧。记得订阅我们的频道，关注更多精彩的烹饪内容。下期节目再见！

音乐渐弱，屏幕逐渐淡出。

注意：这个脚本主要分享一些家常菜制作的基本技巧，旨在让观众能够提高烹饪水平，制作出更美味的菜肴。您可以根据实际情况，调整脚本内容，添加更多细节和实际操作演示。确保语言简洁明了，能够引起观众的兴趣，并激发他们学习和实践的愿望。

图 1-28

可以看出，ChatGPT 按照要求生成了满足需求的口播视频，并且结合文案和拍摄画面为我们提供了参考，行之有据，具有一定的实用性。

013 生成影视解说类视频文案

影视解说类视频文案是指对电影、电视剧情节的视频内容进行简要描述的文字。这类文案一般用语幽默、简洁，具有概括性，能够高度凝练剧集内容，并以最短时间和最快速度传达给受众。下面介绍运

扫码观看教学视频

用 ChatGPT 生成影视解说类视频文案的具体操作方法。

步骤 01 在 ChatGPT 的输入框中输入"影视解说类视频文案是什么"，生成的回复如图 1-29 所示，确保 ChatGPT 了解影视解说类视频文案。

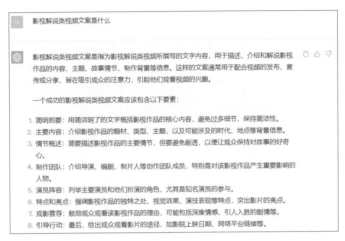

图 1-29

步骤 02 让 ChatGPT 生成正式的影视解说类视频文案，在输入框中输入"提供影视解说类视频文案，主题为简要概括《星球大战》的剧情，要用吸引人、幽默的语言来概括，400 字以内"，生成的回复如图 1-30 所示。

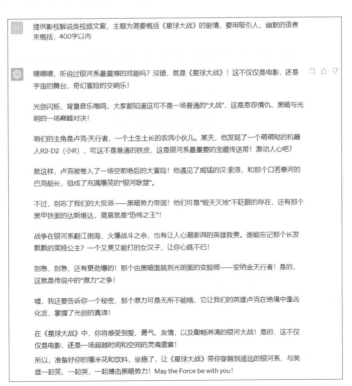

图 1-30

014 生成电商类视频文案

扫码观看教学视频

电商类视频文案是指在电商平台发布的针对商品推广或品牌宣传的短视频中的文字描述内容。它的目的是通过简洁明了的语言，引导观众完成购买行为。下面介绍运用 ChatGPT 生成电商类视频文案的具体操作方法。

步骤 01 在 ChatGPT 的输入框中输入"为一个火锅店的美食团购短视频创作标题文案和内容文案，300 字以内"，ChatGPT 即可生成相应的电商类视频文案，如图 1-31 所示。

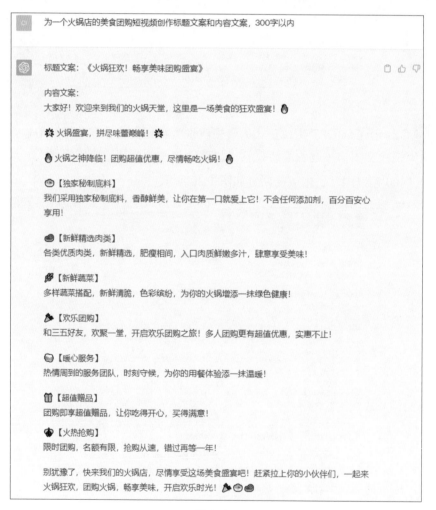

为一个火锅店的美食团购短视频创作标题文案和内容文案，300字以内

标题文案：《火锅狂欢！畅享美味团购盛宴》

内容文案：
大家好！欢迎来到我们的火锅天堂，这里是一场美食的狂欢盛宴！🔥

🎆 火锅盛宴，拼尽味蕾巅峰！🎆

🔥 火锅之神降临！团购超值优惠，尽情畅吃火锅！🔥

🍲【独家秘制底料】
我们采用独家秘制底料，香醇鲜美，让你在第一口就爱上它！不含任何添加剂，百分百安心享用！

🥩【新鲜精选肉类】
各类优质肉类，新鲜精选，肥瘦相间，入口肉质鲜嫩多汁，肆意享受美味！

🥬【新鲜蔬菜】
多样蔬菜搭配，新鲜清脆，色彩缤纷，为你的火锅增添一抹绿色健康！

🥢【欢乐团购】
和三五好友，欢聚一堂，开启欢乐团购之旅！多人团购更有超值优惠，实惠不止！

🍚【暖心服务】
热情周到的服务团队，时刻守候，为你的用餐体验添一抹温暖！

🎁【超值赠品】
团购即享超值赠品，让你吃得开心，买得满意！

🎯【火热抢购】
限时团购，名额有限，抢购从速，错过再等一年！

别犹豫了，快来我们的火锅店，尽情享受这场美食盛宴吧！赶紧拉上你的小伙伴们，一起来火锅狂欢，团购火锅，畅享美味，开启欢乐时光！🍢🍲🍜

图 1-31

步骤 02 此外，还可以让 ChatGPT 将生成的文案改写成分镜头脚本，便于视频的生成与制作，在输入框中输入"将上述文案用分镜头脚本的方式呈现出来。镜头脚本要以表格的方式呈现以下内容：分镜序号、景别（中、近、远、特写等镜头）、画面描述、对话台词（包括人物对话时的动作、语言、神态等，越详细越好）、背景音乐（给出具体的歌曲名称）"，ChatGPT 生成的回复如图 1-32 所示。

将上述文案用分镜头脚本的方式呈现出来。镜头脚本要以表格的方式呈现以下内容：分镜序号、景别（中、近、远、特写等镜头）、画面描述、对话台词（包括人物对话时的动作、语言、神态等，越详细越好）、背景音乐（给出具体的歌曲名称）

分镜头脚本：

分镜序号	景别	画面描述	对话台词	背景音乐
1	远景	火锅店外景，招牌上闪烁着吸引眼球的霓虹灯。	无字幕，背景音乐淡入。	火锅店背景音乐
2	中景	门口张贴着"火锅狂欢！团购优惠中"的海报。	无字幕，轻快、欢乐的音乐持续。	火锅店背景音乐
3	近景	一群朋友笑着走进火锅店。	朋友1兴奋地说：今天终于来吃火锅了！	火锅店背景音乐
4	近景	服务员迎接他们，指引座位。	服务员热情地说：欢迎光临！这边请。	火锅店背景音乐
5	特写	桌上热气腾腾的火锅，美味诱人。	无对话，聚焦于火锅的食材和底料，展现美味。	火锅店背景音乐
6	中景	朋友们围坐在火锅桌旁，开始吃火锅。	朋友2激动地说：这个底料真好吃，比上次去的火锅店好多了！	火锅店背景音乐
7	特写	美食特写，烤牛肉和新鲜蔬菜入锅。	朋友3兴奋地说：我要试试这个烤牛肉！	火锅店背景音乐
8	特写	大家互动热闹，品尝不同食材。	无对话，朋友们笑着品尝食材，画面充满欢声笑语。	火锅店背景音乐
9	中景	服务员送上团购赠品。	服务员笑着说：这是你们的团购赠品，希望你们喜欢。	火锅店背景音乐
10	近景	朋友们开心地拿起赠品，表示感谢。	朋友4感谢地说：谢谢！这个赠品真实用！	火锅店背景音乐
11	近景	朋友们继续品尝美食，神情满足。	朋友5满足地说：吃得太过瘾了，下次还要再来！	火锅店背景音乐
12	中景	服务员送上账单，朋友们结账离开。	服务员笑着说：这是您的账单，请慢慢结账。	火锅店背景音乐
13	中景	朋友们满载而归，神采奕奕。	朋友6兴奋地说：今天真开心，感谢团购，吃得很满足！	火锅店背景音乐
14	中景	离开时，大家挥手道别。	朋友7笑着说：下次再聚！	火锅店背景音乐
15	远景	火锅店外景，朋友们离开，霓虹灯闪烁依旧。	无对话，背景音乐渐弱，过渡至结束。	火锅店背景音乐

图 1-32

第**2**章　AI 图片生成：
创作短视频的素材

学习提示

　　生成视频的素材从哪里来？除了亲自拍摄，用户也可以通过 AI 绘画的平台和软件生成需要的图片素材。本章主要介绍文心一格和 Midjourney 这两个热门 AI 绘画平台的使用方法。

本章重点导航

◇ 使用文心一格绘制图片素材
◇ 使用 Midjourney 进行 AI 绘图

2.1 使用文心一格绘制图片素材

文心一格是源于百度在人工智能领域的持续研发和创新的一款产品。百度在自然语言处理、图像识别等领域积累了深厚的技术实力和海量的数据资源，并以此为基础不断推进人工智能技术在各个领域的应用。

用户可以通过文心一格快速生成高质量的画作，支持自定义关键词、画面类型、图像比例、数量等参数，且生成的图像质量可以与人类创作的艺术品媲美。但需要注意的是，即使是完全相同的关键词，文心一格每次生成的画作也是会有差异的。本节主要介绍使用文心一格绘制图片素材的方法，帮助大家快速上手。

015 设置图片的画面类型

扫码观看教学视频

文心一格支持的画面类型非常多，包括"智能推荐""艺术创想""唯美二次元""中国风""概念插画""明亮插画""梵高""超现实主义""插画""像素艺术""炫彩插画"等。下面介绍设置图片的画面类型的具体操作方法。

步骤 01 进入"AI 创作"页面，❶输入相应的关键词；❷在"画面类型"选项区中单击"更多"按钮，如图 2-1 所示。

步骤 02 执行操作后，即可展开"画面类型"选项区，在其中选择"唯美二次元"选项，如图 2-2 所示。

图 2-1

图 2-2

步骤 03 单击"立即生成"按钮，即可生成一幅"唯美二次元"风格的 AI 绘画作品，效果如图 2-3 所示。

图 2-3

专家指点

使用同样的 AI 绘画关键词，选择不同的画面类型，生成的图片风格是不一样的。图 2-4 所示为使用同样的关键词生成的"超现实主义"风格的图片效果，画面风格变得更加虚幻。

图 2-4

016 设置图片比例和数量

在文心一格中除了可以选择多种画面类型，还可以设置图片的比例（竖图、方图和横图）和数量（最多 9 张），具体操作方法如下。

步骤 01 进入 "AI 创作" 页面，❶ 输入相应的关键词；❷ 设置 "比例" 为 "方图"，"数量" 为 2，如图 2-5 所示。

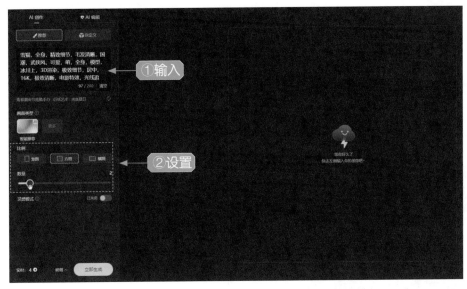

图 2-5

步骤 02 单击 "立即生成" 按钮，即可生成两幅 AI 绘画作品，效果如图 2-6 所示。

图 2-6

017 设置图片的画面风格

扫码观看教学视频

在文心一格的"自定义"AI绘画模式中，用户输入关键词后，可以使用"上传参考图"功能，上传任意一张图片，并设置画面风格关键词，从而生成特定风格的图片效果，具体操作方法如下。

步骤 01 在"AI创作"页面的"自定义"选项卡中，❶输入相应关键词；❷设置"选择 AI 画师"为"创艺"，如图 2-7 所示。

步骤 02 单击"上传参考图"下方的 ➕ 按钮，弹出"打开"对话框，选择相应的参考图，如图 2-8 所示。

图 2-7

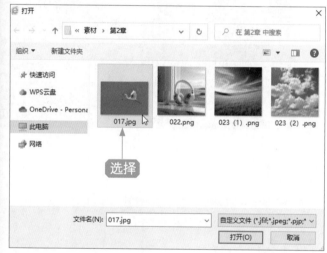

图 2-8

步骤 03 单击"打开"按钮，上传参考图，并设置"影响比重"参数为 8，如图 2-9 所示，该数值越大，对参考图的影响就越大。

步骤 04 在下方设置"尺寸"为 1:1、"数量"为 1，如图 2-10 所示。

步骤 05 单击"画面风格"下方的输入框，在弹出的面板中单击"矢量画"标签，如图 2-11 所示，即可设置图片的"画面风格"为"矢量画"。

步骤 06 单击"立即生成"按钮，即可生成相应风格的图片，效果如图 2-12 所示。

图 2-9

图 2-10

图 2-11

图 2-12

018 为图片添加修饰词

使用修饰词可以提升文心一格的出图质量，而且修饰词还可以叠

扫码观看教学视频

加使用，具体操作方法如下。

步骤 01 在"AI 创作"页面的"自定义"选项卡中，❶输入相应关键词；❷设置"选择 AI 画师"为"创艺"，如图 2-13 所示。

步骤 02 在下方设置"尺寸"为 16:9、"数量"为 1、"画面风格"为"矢量画"，如图 2-14 所示。

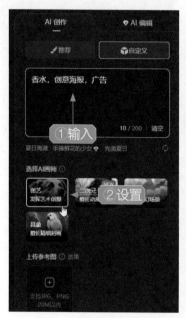

图 2-13　　　　　　　　　　　图 2-14

步骤 03 单击"修饰词"下方的输入框，在弹出的面板中单击"cg 渲染"标签，如图 2-15 所示，即可将该修饰词添加到输入框中。

步骤 04 使用同样的操作方法，添加一个"摄影风格"修饰词，如图 2-16 所示。

图 2-15　　　　　　　　　　　图 2-16

专家指点

cg 是计算机图形（computer graphics）的缩写，指的是使用计算机创建、处理和显示图形的技术。

步骤 05 单击"立即生成"按钮，即可生成品质更高且更具有摄影感的图片，效果如图 2-17 所示。

图 2-17

019 添加艺术家风格关键词

在文心一格的"自定义"AI 绘画模式中，用户可以添加合适的艺术家效果关键词，以模拟特定的艺术家绘画风格生成相应的图片效果，具体操作方法如下。

步骤 01 在"AI 创作"页面的"自定义"选项卡中，❶输入相应关键词；❷设置"选择 AI 画师"为"创艺"，如图 2-18 所示。

步骤 02 在下方设置"尺寸"为 16:9、"数量"为 1、"画面风格"为"水彩画"，如图 2-19 所示。

扫码观看教学视频

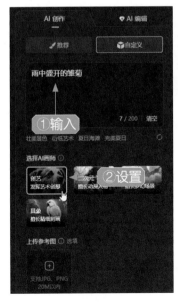

图 2-18   图 2-19

步骤 03 单击"修饰词"下方的输入框，在弹出的面板中单击"高清"标签，如图 2-20 所示，即可将该修饰词添加到输入框中。

步骤 04 在"艺术家"输入框中添加相应的艺术家名称，如图 2-21 所示。

图 2-20

图 2-21

步骤 05 单击"立即生成"按钮，即可生成相应艺术家风格的图片，效果如图 2-22 所示。

图 2-22

020 设置不想出现的元素

在文心一格的"自定义"AI 绘画模式中，用户可以设置"不希望出现的内容"选项，从而在一定程度上减少该内容出现的概率，具体

操作方法如下。

步骤 01 在"AI 创作"页面的"自定义"选项卡中，❶输入相应关键词；❷设置"选择 AI 画师"为"创艺"，如图 2-23 所示。

步骤 02 在下方设置"尺寸"为 3:2、"数量"为 1、"画面风格"为"矢量画"，如图 2-24 所示。

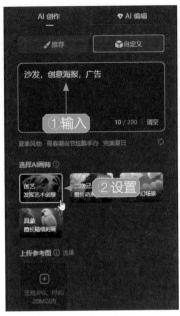

图 2-23

图 2-24

图 2-25

图 2-26

步骤 03 单击"修饰词"下方的输入框，在弹出的面板中单击"写实"标签，如图 2-25 所示，即可将该修饰词添加到输入框中。

步骤 04 在"不希望出现的内容"下方的输入框中输入"人物"标签，如图 2-26 所示，表示降低人物在画面中出现的概率。

步骤 05 单击"立即生成"按钮，即可生成相应的图片，效果如图 2-27 所示。

图 2-27

2.2 使用 Midjourney 进行 AI 绘图

Midjourney 是一个通过人工智能技术进行绘画创作的工具，用户在其中输入文字、图片等提示内容，就可以让 AI 机器人自动创作符合要求的图片。但是，如果用户想生成高质量的图片，就需要大量地训练 AI 模型，并掌握一些绘画的高级指令，从而在生成图片时更加得心应手。本节主要介绍使用 Midjourney 进行 AI 绘图的操作方法。

021 使用 imagine 指令生成图片

Midjourney 主要使用 imagine 指令和关键词等文字内容完成 AI 绘画操作，用户应尽量输入英文关键词。注意，AI 模型对于英文单词的首字母大小写没有要求，但注意要在每个关键词中间添加一个逗号（英文字体格式）或空格。下面介绍在 Midjourney 中通过 imagine 指令生成图片的具体操作方法。

扫码观看教学视频

步骤 01 ❶在 Midjourney 下面的输入框内输入"/"（正斜杠符号）；❷在弹出的列表框中选择 imagine 指令，如图 2-28 所示。

步骤 02 在 imagine 指令后方的 prompt（提示）输入框中输入相应关键词，如图 2-29 所示。

图 2-28

图 2-29

步骤 03 按 Enter 键确认，即可看到 Midjourney Bot 已经开始工作了，并显示图片的生成进度，如图 2-30 所示。

步骤 04 稍等片刻，Midjourney 将生成 4 张对应的图片，单击 V4 按钮，如图 2-31 所示。提示，V 按钮的功能是以所选的图片样式为模板重新生成 4 张图片。

图 2-30

图 2-31

步骤 05 执行操作后，Midjourney 将以第 4 张图片为模板，重新生成 4 张图片，如图 2-32 所示。

步骤 06 如果用户对于重新生成的 4 张图片都不满意，可以单击 (重做) 按钮，如图 2-33 所示。

图 2-32 图 2-33

步骤 07 执行操作后，Midjourney 会再次生成 4 张图片，用户可以选择喜欢的图片，单击对应的 U 按钮生成单张图片，如单击 U2 按钮，如图 2-34 所示。

步骤 08 执行操作后，Midjourney 将在第 2 张图片的基础上进行更加精细的刻画，并放大图片效果，如图 2-35 所示。

图 2-34 图 2-35

专家指点

Midjourney 生成的图片效果下方的 U 按钮表示放大选中图片的细节，可以生成单张的大图效果。如果用户对于 4 张图片中的某张图片感到满意，可以对 U1 ~ U4 按钮进行选择并生成大图效果，否则 4 张图片是拼在一起的。

步骤 09 单击 Make Variations（做出变更）按钮，将以该张图片为模板，重新生成 4 张图片，如图 2-36 所示。

步骤 10 单击 U3 按钮，放大第 3 张图片的效果，如图 2-37 所示。

图 2-36

图 2-37

022 使用 iw 指令提升参考图权重

扫码观看教学视频

在 Midjourney 中，用户可以使用 describe 指令获取图片的提示，然后根据提示内容和图片链接生成类似的图片，我们将这个过程称为以图生图，也称为"垫图"。需要注意的是，提示词就是关键词或指令的统称，网上大部分用户也将其称为"咒语"。

而在 Midjourney 中以图生图时，使用 iw 指令可以提升图像权重，即调整提示的图像（参考图）与文本部分（提示词）的重要性。用户使用的 iw 值（.5～2）越大，表明上传的图片对输出的结果影响越大。注意，当 Midjourney 中指令的参数值为小数（整数部分是 0）时，只需加小数点即可，前面的 0 不用写出来。下面介绍具体的操作方法。

步骤 01 ❶ 在 Midjourney 下面的输入框内输入 "/"；❷ 在弹出的列表框中选择 describe 指令，如图 2-38 所示。

步骤 02 执行操作后，单击上传按钮，如图 2-39 所示。

图 2-38

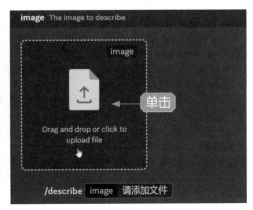

图 2-39

步骤 03 执行操作后，弹出"打开"对话框，选择相应的图片，如图 2-40 所示。

步骤 04 单击"打开"按钮，将图片添加到 Midjourney 的输入框中，如图 2-41 所示，按两次 Enter 键确认。

图 2-40

图 2-41

步骤 05 执行操作后，Midjourney 会根据用户上传的图片生成 4 段提示词，如图 2-42 所示。用户可以通过复制提示词或单击下面的 1 ~ 4 按钮，以该图片为模板生成新的图片效果。

步骤 06 单击上传的参考图，在弹出的预览图上单击鼠标右键，在弹出的快捷菜单中选择"复制图片地址"选项，如图 2-43 所示，复制图片链接。

图 2-42

图 2-43

步骤 07 调用 imagine 指令，将复制的图片链接和相应关键词输入 prompt 输入框中，并在后面输入 "--iw 2" 指令，如图 2-44 所示。

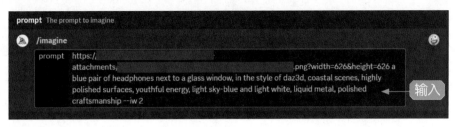

图 2-44

步骤 08 按 Enter 键确认，即可生成与参考图的风格极其相似的图片效果，如图 2-45 所示。

步骤 09 单击 U2 按钮，生成第 2 张图的大图效果，如图 2-46 所示。

图 2-45

图 2-46

023 使用 blend 指令混合生图

扫码观看教学视频

在 Midjourney 中，用户可以使用 blend 指令快速上传 2～5 张图片，然后查看每张图片的特征，并将它们混合生成一张新的图片。下面介绍在 Midjourney 中通过 blend 指令进行混合生图的操作方法。

步骤 01 ❶在 Midjourney 下面的输入框内输入 "/"；❷在弹出的列表框中选择 blend 指令，如图 2-47 所示。

步骤 02 执行操作后，出现两个图片框，单击左侧图片框的上传按钮，如图 2-48 所示。

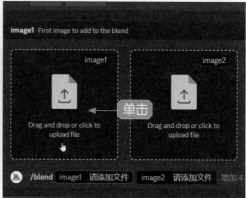

图 2-47

图 2-48

步骤 03 执行操作后，弹出"打开"对话框，选择相应的图片，如图 2-49 所示。

步骤 04 单击"打开"按钮，将图片添加到左侧的图片框中，并用同样的操作方法在右侧的图片框中添加一张图片，如图 2-50 所示。

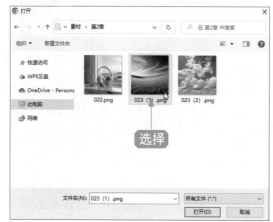

图 2-49

图 2-50

步骤 05 连续按两次 Enter 键，Midjourney 会自动完成图片的混合操作，并生成 4 张新的图片，图 2-51 所示为没有添加任何关键词的效果。

步骤 06 单击 U2 按钮，放大第 2 张图片，如图 2-52 所示。

024 使用 ar 指令设置图片比例

扫码观看教学视频

aspect rations（横纵比）指令用于更改生成图像的宽高比，通常表示为冒号分割两个数字，如 16:9 或者 4:3。需要注意的是，aspect rations 指令（ar 指令）中的冒号为英文字体格式，数字也必须为整数，并且与关键词之间要留一个空格。下面介绍使用 ar 指令设置图片比例的具体操作方法。

图 2-51　　　　　　　　　　　　　　　　　图 2-52

步骤 01　在 imagine 指令后方的 prompt（提示）输入框中输入没有添加 ar 指令的关键词，按 Enter 键确认，Midjourney 会生成 4 张比例为 1:1 的图片，如图 2-53 所示，这是 Midjourney 的默认图片比例。

步骤 02　在 imagine 指令后方的 prompt（提示）输入框中输入相同的关键词，并在结尾处加上"--ar 16:9"，设置图片的横纵比为 16:9，按 Enter 键确认，Midjourney 即可生成 4 张比例为 16:9 的图片，如图 2-54 所示。

图 2-53　　　　　　　　　　　　　　　　　图 2-54

步骤 03　单击 U2 按钮，放大第 2 张图片的效果，如图 2-55 所示。

图 2-55

025 使用混音模式灵活生图

扫码观看教学视频

使用 Midjourney 的 Remix mode(混音模式)可以更改关键词、参数、模型版本或变体之间的横纵比,让 AI 绘画变得更加灵活多变,下面介绍具体的操作方法。

步骤 01 ❶在 Midjourney 下面的输入框内输入 "/";❷在弹出的列表框中选择 settings 指令,如图 2-56 所示。

图 2-56

步骤 02 按 Enter 键确认，即可调出 Midjourney 的设置面板，如图 2-57 所示。

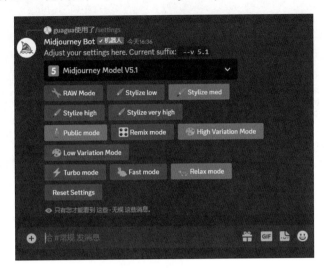

图 2-57

步骤 03 在设置面板中，单击 Remix mode（混音模式）按钮，如图 2-58 所示，即可开启混音模式（按钮显示为绿色）。

步骤 04 通过 imagine 指令输入相应的关键词，生成的图片效果如图 2-59 所示。

图 2-58

图 2-59

步骤 05 单击 V2 按钮，弹出 Remix Prompt（混音提示）对话框，如图 2-60 所示。

步骤 06 适当修改其中的某个关键词，如将 lychee（荔枝）改为 apple（苹果），如图 2-61 所示。

图 2-60

图 2-61

步骤 07 单击 "提交" 按钮，即可重新生成相应的图片，将图中的荔枝变成苹果，效果如图 2-62 所示。

步骤 08 单击 U1 按钮，放大第 1 张图片的效果，如图 2-63 所示。

图 2-62

图 2-63

第3章

文本生视频：利用文案和链接进行生成

学习提示

剪映电脑版的"文字成片"功能非常强大，用户只需要提供文案，就能获得一个有字幕、朗读音频、背景音乐和画面的视频。本章主要介绍使用 AI 文案和文章链接生成视频的操作方法。

本章重点导航

◇ 用 AI 文案生成视频

◇ 用文章链接生成视频

3.1 用 AI 文案生成视频

在短视频创作的过程中，用户常常会遇到这样一个问题：怎么又快又好地写出视频文案呢？AI 文案写作工具就能轻松解决这个问题。用户通过与 AI 文案写作工具的交流，可以让其根据需求创作对应的视频文案。

而有了文案，如何快速生成视频呢？剪映电脑版的"文字成片"功能就能满足这个需求。用户只需要在"文字成片"面板中粘贴文案或文章链接，并设置相应的朗读音色，单击"生成视频"按钮，选择喜欢的成片方式，即可借助 AI 生成相应的视频。

本节介绍用 AI 文案生成视频的具体操作方法，包括运用 ChatGPT 创作文案并生成视频及运用剪映生成文案和视频。

026 运用 ChatGPT 创作文案并生成视频

【效果展示】：用户在使用 ChatGPT 生成文案之前，要确定好短视频的主题，这样才能提出具体、清晰的需求，从而便于 ChatGPT 的理解和生成。文案生成后，用户就可以运用"文字成片"功能生成相应的视频，并对生成的视频进行适当的调整，效果如图 3-1 所示。

扫码观看教学视频　　扫码看案例效果

1、选择微风天气，让荷花动起来

2、借助动物，增加画面的动感

3、锁定焦点，保持图片的清晰

捕捉美妙瞬间，定格荷花的美！

图 3-1

下面介绍运用 ChatGPT 创作文案并生成视频的具体操作方法。

步骤 01 打开 ChatGPT 的聊天窗口，单击底部的输入框，在其中输入"请给我10 个以荷花拍摄技巧为主题的短视频标题"，单击输入框右侧的发送按钮▶或按 Enter键，ChatGPT 即可根据要求生成 10 个有关荷花拍摄技巧的短视频标题，如图 3-2 所示。

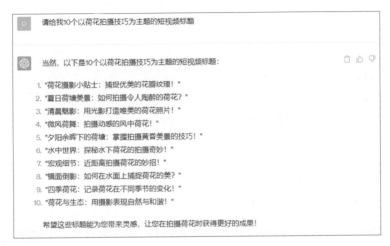

图 3-2

步骤 02 用户可以选择一个标题，让 ChatGPT 生成对应的文案，例如，在下方输入"写一篇关于'微风荷舞：拍摄动感的风中荷花！'的视频文案，要求逻辑清晰，通俗易懂， 20 字以内，用数字分点阐述"，按 Enter 键，ChatGPT 即可根据该要求生成一篇文案，如图 3-3 所示。

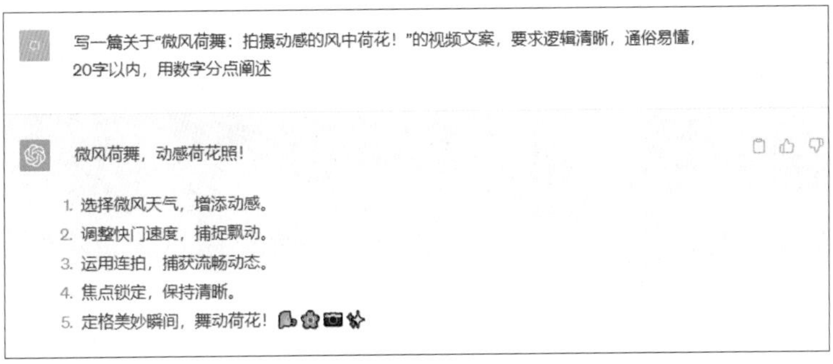

图 3-3

步骤 03 到这里，ChatGPT 的工作就完成了，全选 ChatGPT 回复的文案内容，在文案上单击鼠标右键，在弹出的快捷菜单中选择"复制"选项，如图 3-4 所示，复制 ChatGPT 的文案内容，并进行适当的修改。

图 3-4

专家指点

用户可以将 ChatGPT 的文案内容复制并粘贴到一个文档或记事本中,并根据需求对文案进行修改和调整,以优化生成的视频效果。

步骤 04 打开剪映电脑版,在首页单击"文字成片"按钮,如图 3-5 所示,即可弹出"文字成片"面板。

图 3-5

步骤 05 打开文档,全选文案内容,执行"编辑"|"复制"命令,如图 3-6 所示,将文案复制一份。

步骤 06 在"文字成片"面板中,按 Ctrl + V 组合键将复制的内容粘贴到下方的文字窗口中,如图 3-7 所示。

步骤 07 剪映的"文字成片"功能会自动为视频配音,用户可以选择自己喜欢的音色,如设置朗读音色为"甜美解说",如图 3-8 所示。

步骤 08 ❶单击右下角的"生成视频"按钮;❷在弹出的"请选择成片方式"

列表框中选择"智能匹配素材"选项，如图 3-9 所示，即可开始生成对应的视频，并
显示视频生成进度。

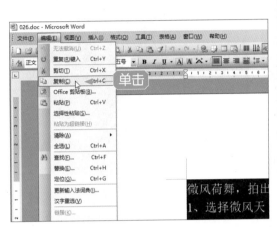

图 3-6

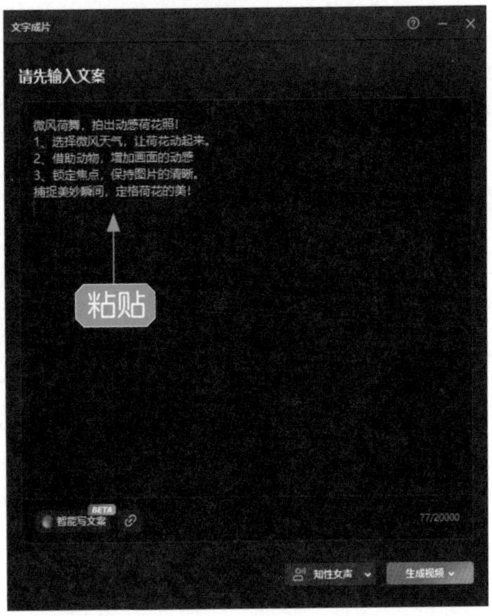

图 3-7

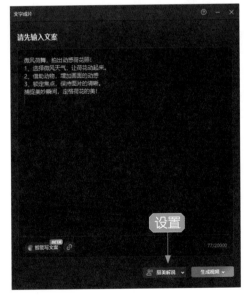

图 3-8

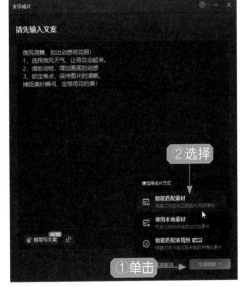

图 3-9

步骤 09 稍等片刻，即可进入剪映的视频编辑界面，在视频轨道中可以查看剪
映自动生成的短视频缩略图，用户可以选择直接导出视频，也可以对视频的字幕、素材、
朗读音频和背景音乐进行调整。以调整字幕为例，用户可以选择第 1 段文本，在"文本"
操作区中，❶在字幕的适当位置添加一个逗号；❷设置一个合适的文字字体，如图 3-10
所示，系统会根据修改后的字幕重新生成对应的朗读音频，并且设置的字体效果会自

动同步到其他字幕上。

步骤 10 用同样的方法，在其他字幕中的合适位置添加相应的标点符号，完成对所有字幕的调整，单击界面右上角的"导出"按钮，如图 3-11 所示。

图 3-10 图 3-11

步骤 11 弹出"导出"对话框，❶修改视频的标题；❷单击"导出至"右侧的 📁 按钮，如图 3-12 所示。

步骤 12 弹出"请选择导出路径"对话框，设置视频的保存位置，如图 3-13 所示，单击"选择文件夹"按钮，返回"导出"对话框。

步骤 13 在"导出"对话框的右下角单击"导出"按钮，如图 3-14 所示。

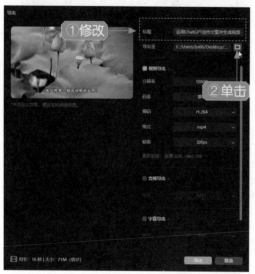

图 3-12 图 3-13

步骤 14 执行操作后，即可开始导出视频，并显示导出进度，如图 3-15 所示，导出完成后，即可在设置的导出路径文件夹中查看视频。

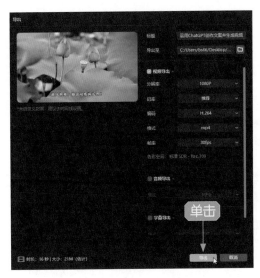

图 3-14   图 3-15

027 运用文字成片功能生成文案和视频

【效果展示】：在剪映中，用户可以直接完成文案和视频的生成，无须借助其他工具。另外，在生成视频时，用户可以设置"请选择成片方式"为"使用本地素材"，这样就能直接导入自己的图片生成视频，效果如图 3-16 所示。

扫码观看教学视频   扫码看案例效果

图 3-16

下面介绍在剪映电脑版中运用"文字成片"功能生成文案和视频的具体操作方法。

步骤 01 在"文字成片"面板中，单击"智能写文案"按钮，如图 3-17 所示。

步骤 02 执行操作后，弹出文本框，❶ 在文本框中输入"以白鹭为主题，写一篇 50 字以内的视频文案，要求语句通顺"；❷ 单击文本框右侧的 ↑ 按钮，如图 3-18 所示。

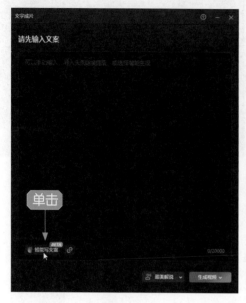

图 3-17

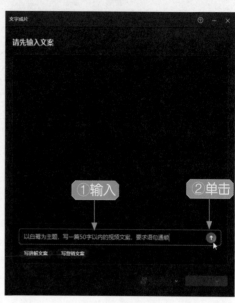

图 3-18

步骤 03 执行操作后，即可开始智能创作文案，并显示创作进度，如图 3-19 所示。

步骤 04 创作完成后，即可查看生成的文案，单击文案右下角的"确认"按钮，如图 3-20 所示，即可将生成的文案输入文字窗口。

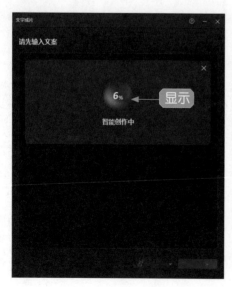

图 3-19

图 3-20

专家指点

剪映会自动创作 5 篇文案供用户选择，用户可以单击 ← 按钮或 → 按钮查看上一篇或下一篇文案。

步骤 05 ❶在文字窗口中修改文案内容；❷设置朗读音色为"知性女声"，如图 3-21 所示。

步骤 06 ❶单击"生成视频"按钮；❷在弹出的"请选择成片方式"列表框中选择"使用本地素材"选项，如图 3-22 所示。

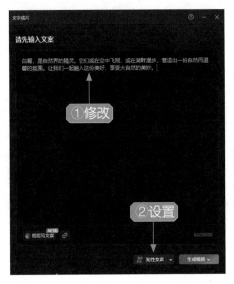
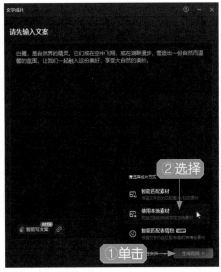

图 3-21　　　　　　　　　　　图 3-22

步骤 07 执行操作后，即可开始生成视频，并显示生成进度，生成结束后，进入视频编辑界面，此时的视频只有字幕、朗读音频和背景音乐，用户需要导入准备好的素材生成视频，按 Ctrl + I 组合键，调出"请选择媒体资源"对话框，选择要导入的素材，如图 3-23 所示，单击"打开"按钮，将所有素材导入"媒体"功能区的"本地"选项卡中。

步骤 08 选择第 1 段字幕，❶切换至"字幕"操作区；❷在第 1 段字幕的合适位置添加一个逗号，如图 3-24 所示，即可为字幕添加标点符号，系统会重新生成对应的朗读音频。

步骤 09 选择第 3 段字幕，将光标定位在需要拆分的位置，按 Enter 键，即可将字幕拆分成两段，如图 3-25 所示。用同样的方法，将第 5 段字幕拆分成两段。

步骤 10 选择第 1 段字幕，❶切换至"文本"操作区；❷更改文字字体，如图 3-26 所示。

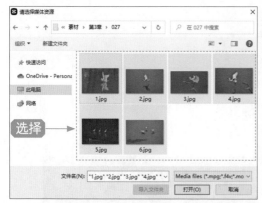

图 3-23

图 3-24

图 3-25

图 3-26

步骤 11 ❶在轨道中调整字幕和朗读音频的位置；❷调整背景音乐的时长，如图 3-27 所示。

步骤 12 在"本地"选项卡中选择所有素材，单击第 1 段素材右下角的"添加到轨道"按钮，将素材按顺序添加到视频轨道中，在字幕轨道的起始位置单击"锁定轨道"按钮，如图 3-28 所示，将轨道锁定，避免在调整素材时对字幕造成影响。用同样的方法，将朗读音频所在的轨道也锁定。

步骤 13 调整素材的时长，如图 3-29 所示。

步骤 14 选择第 1 段素材，在"画面"操作区的"基础"选项卡中，❶设置"背景填充"为"模糊"；❷选择第 3 个模糊样式；❸单击"全部应用"按钮，如图 3-30 所示，将设置的背景样式应用到所有素材上，即可完成视频的制作。

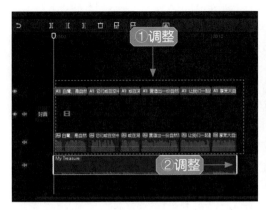

图 3-27

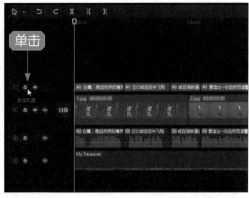

图 3-28

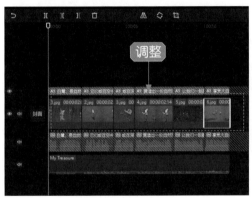
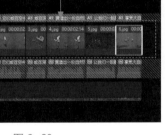

图 3-29

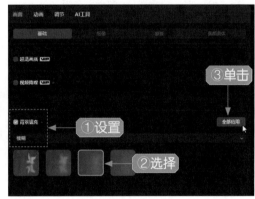

图 3-30

> **专家指点**
>
> 　　在使用"图文成片"功能生成视频时，视频中文本的时长与朗读音频的时长保持一致，并且会根据音频时长的变化而变化。例如，用户修改了文本后，重新生成的朗读音频的时长变短了，那么文本的时长也会变短。如果时长变动比较大，用户可以根据朗读音频和文本的时长对素材的时长进行调整，从而让视频的声音、字幕和画面更匹配。

3.2　用文章链接生成视频

　　剪映电脑版的"文字成片"功能除了可以直接用文本生成视频，还可以通过文章链接生成视频。目前，"文字成片"功能只支持头条号的文章链接，用户将复制的文章链接粘贴到对应文本框中后，单击"获取文字"按钮即可自动提取文章中的文本。

扫码观看教学视频

　　本节以头条文章为例，介绍用文章链接生成视频的具体操作方法。图 3-31 所示为视频效果展示。

图 3-31

028 搜索文章并复制链接

扫码观看教学视频

　　想用文章链接生成视频，用户需要先选好文章，并复制文章的链接，以便粘贴到"图文成片"面板中。下面介绍在今日头条网页版中搜索文章并复制链接的具体操作方法。

步骤 01 在浏览器中搜索并进入今日头条官网，用户可以通过搜索创作者，进入其个人主页查找文章；也可以通过直接搜索文章标题或关键词来查找。这里以直接搜索文章标题为例进行介绍，在搜索框中输入文章标题"学摄影最重要的是什么"，如图 3-32 所示，单击 🔍 按钮，即可进行搜索。

步骤 02 在"头条搜索"页面中，用户可以查看搜索结果，单击相应文章的标题，如图 3-33 所示，即可进入文章详情页面，查看这篇文章。

步骤 03 在文章详情页面的左侧，将鼠标指针移至"分享"按钮上，在弹出的列表框中选择"复制链接"选项，如图 3-34 所示，即可弹出"已复制文章链接 去分享吧"的提示，完成文章链接的复制。

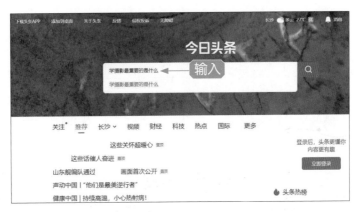

图 3-32

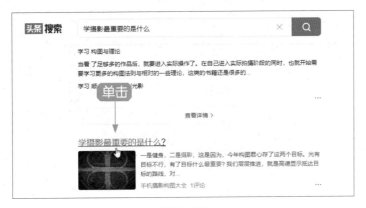

图 3-33

图 3-34

029 粘贴文章链接生成视频

扫码观看教学视频　　扫码看案例效果

　　用户将复制的链接粘贴到"文字成片"面板中，就可以通过 AI 提取文章内容并生成视频。下面介绍在剪映电脑版中粘贴文章链接生成视频的具体操作方法。

步骤 01 在剪映首页单击"文字成片"按钮，弹出"文字成片"面板，单击 按钮，如图 3-35 所示。

步骤 02 弹出文本框，❶ 按 Ctrl＋V 组合键将复制的文章链接粘贴到文本框中；❷ 单击文本框右侧的"获取文字"按钮，如图 3-36 所示，即可获取文章的文字内容，并自动填写到文字窗口中。

图 3-35

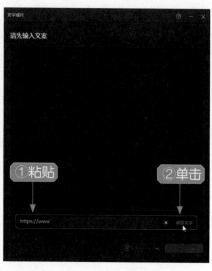

图 3-36

步骤 03 ❶ 调整获取的文本内容；❷ 设置朗读音色为"解说小帅"，如图 3-37 所示。

步骤 04 ❶ 单击"生成视频"按钮；❷ 在弹出的"请选择成片方式"列表框中选择"智能匹配素材"选项，如图 3-38 所示。

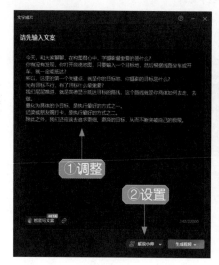

图 3-37

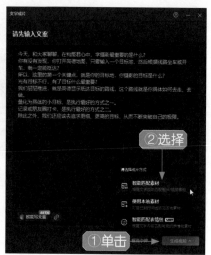

图 3-38

步骤 05 执行操作后，即可开始生成视频，生成结束后，进入视频编辑界面，预览视频效果，选择第 1 段字幕，在"文本"操作区中，❶在合适位置添加一个逗号；❷为字幕设置一个合适的文字字体，如图 3-39 所示。

步骤 06 用同样的方法，为相应文本添加标点符号，以优化视频的字幕效果，然后单击界面右上角的"导出"按钮，如图 3-40 所示。

图 3-39

图 3-40

步骤 07 在"导出"对话框中，❶设置视频的名称和保存位置；❷单击"导出"按钮，如图 3-41 所示。

步骤 08 执行操作后，即可开始导出视频，并显示导出进度，如图 3-42 所示。

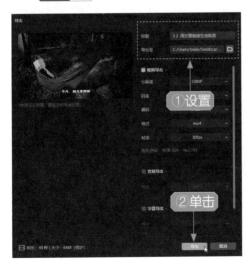

图 3-41

图 3-42

第4章

图片生视频：使用本地图片进行生成

学习提示

　　剪映 App 提供了许多简单、实用的功能，可以帮助用户又快又好地制作想要的视频效果。本章主要介绍使用"图文成片"功能、"一键成片"功能、视频编辑功能和"图片玩法"功能将图片生成为视频的操作方法。

本章重点导航

- ◈ 一键将图片变成视频
- ◈ 用剪映将图片制作成视频

4.1 一键将图片变成视频

由于"图文成片"功能默认情况下使用的都是网络素材，因此用户还可以自己准备一些与文案相关的素材进行替换，生成内容更加精准的视频作品。另外，使用"一键成片"功能可以让用户为图片素材快速套用模板，从而生成美观的视频效果。

030 使用本地图片进行生成

【效果展示】：在剪映 App 中，当用户使用"图文成片"功能生成视频时，可以选择视频的生成方式，如使用本地素材进行生成，这样就能获得特别的视频效果，如图 4-1 所示。

扫码看教学视频　　扫码看案例效果

图 4-1

下面介绍在剪映 App 中使用本地图片生成视频的具体操作方法。

步骤 01 打开剪映 App，在首页点击"图文成片"按钮，如图 4-2 所示，进入"图文成片"界面。

步骤 02 点击文本框，进入"编辑内容"界面，输入视频文案，如图 4-3 所示，点击"完成编辑"按钮，返回"图文成片"界面。

步骤 03 在"请选择视频生成方式"选项区中选择"使用本地素材"选项，如图 4-4 所示，点击"生成视频"按钮，即可开始生成视频，并显示进度。

步骤 04 生成结束后，进入预览界面，此时的视频只是一个框架，用户需要将自己的图片素材填充进去，点击视频轨道中的第 1 个"添加素材"按钮，如图 4-5 所示。

步骤 05 进入相应界面，在"照片视频"|"照片"选项卡中选择相应图片，如图 4-6 所示，即可完成素材的填充。用同样的方法，再填充两张素材。

步骤 06 点击 ✕ 按钮，退出界面，在工具栏中点击"比例"按钮，如图 4-7 所示。

图 4-2

图 4-3

图 4-4

图 4-5

图 4-6

图 4-7

步骤 07 弹出"比例"面板，选择"9∶16"选项，如图 4-8 所示，更改视频的比例。

步骤 08 由于"图文成片"功能生成的视频带有随机性，因此用户可以通过进一步的剪辑优化视频效果。点击界面右上角的"导入剪辑"按钮，进入编辑界面，

❶拖曳时间轴至相应位置；❷选择第 1 段素材；❸在工具栏中点击"分割"按钮，如图 4-9 所示，即可将其分割成两段。

步骤 09 ❶选择空白文本；❷在工具栏中点击"删除"按钮，如图 4-10 所示，将其删除。

图 4-8

图 4-9

图 4-10

图 4-11

图 4-12

步骤 10 在第 2 段素材的起始位置，❶选择第 1 段文本；❷在工具栏中点击"分割"按钮，如图 4-11 所示，对其进行分割。

步骤 11 执行操作后，弹出提示框，点击"确认"按钮，如图 4-12 所示，即可重新生成相应的朗读音频。

图 4-13

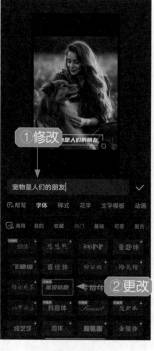

图 4-14

步骤 12 用同样的方法，再在适当位置对文本和素材进行分割，❶选择第 1 段文本；❷在工具栏中点击"编辑"按钮，如图 4-13 所示。

步骤 13 在弹出的文字编辑面板中，❶修改文字内容；❷在"字体"选项卡中更改文字字体，如图 4-14 所示，依次点击☑和"确认"按钮，重新生成朗读音频。

步骤 14 用同样的方法，为其他文本设置相同的字体，并适当调整文本内容，如图 4-15 所示，让系统根据调整后的内容生成对应的朗读音频。

步骤 15 为了让视频效果更美观，用户可以对重复的素材片段进行替换，❶选择第 2 段素材；❷在工具栏中点击"替换"按钮，如图 4-16 所示。

步骤 16 进入"照片视频"界面，在"照片"选项卡中选择对应的图片，如图 4-17 所示，即可完成素材的替换，并返回编辑界面。

步骤 17 用同样的方法，对第 4 段素材进行替换，如图 4-18 所示。

步骤 18 点击◀按钮，返回主界面，在工具栏中点击"背景"按钮，如图 4-19 所示，进入背景工具栏。

图 4-15

图 4-16

图 4-17

图 4-18

图 4-19

步骤 19 点击"画
布模糊"按钮，如图 4-20
所示。

步骤 20 弹出"画
布模糊"面板，❶选择
第 4 个模糊效果；❷点
击"全局应用"按钮，
如图 4-21 所示，即可为
整个视频添加画布模糊
效果，完成视频的编辑。

图 4-20

图 4-21

031 运用一键成片功能快速套用模板

【效果展示】：在使用"一键成片"功能生成视频时，用户只需要选择要生成视频的图片素材，再选择一个喜欢的模板即可，效果如图 4-22 所示。

扫码看教学视频

扫码看案例效果

图 4-22

下面介绍在剪映 App 中运用"一键成片"功能快速套用模板的具体操作方法。

步骤 01 在首页点击"一键成片"按钮，如图 4-23 所示。

步骤 02 执行操作后，进入"照片视频"界面，选择 4 张图片素材，如图 4-24 所示，点击"下一步"按钮，即可开始生成视频。

图 4-23

图 4-24

图 4-25　　　　　图 4-26

步骤 03 稍等片刻后，进入"选择模板"界面，用户可以在下方选择喜欢的模板，即可为素材套用模板，并播放视频效果，如图 4-25 所示。

步骤 04 ❶点击右上角的"导出"按钮；❷在弹出的"导出设置"对话框中点击"无水印保存并分享"按钮，如图 4-26 所示，即可将生成的视频导出。

4.2 用剪映将图片制作成视频

　　用户将图片导入剪映后，就可以生成一个视频，只是这样的视频非常简单，美观度和可看性都不高，因此还需要运用剪映的视频编辑功能和"抖音玩法"功能进行美化和编辑，从而将图片制作成漂亮、有趣的视频。

📖 032 运用编辑功能优化视频效果

　　【效果展示】：用户在剪映 App 中导入图片素材后，可以运用"音频""滤镜""特效"等视频编辑功能优化视频，从而制作个性化的效果，如图 4-27 所示。

扫码看教学视频

扫码看案例效果

图 4-27

下面介绍在剪映 App 中运用编辑功能优化视频效果的具体操作方法。

步骤 01 在首页点击"开始创作"按钮，如图 4-28 所示。

步骤 02 进入"照片视频"界面，❶在"照片"选项卡中选择相应的图片素材；❷选中"高清"复选框，如图 4-29 所示。点击"添加"按钮，即可将素材按顺序导入视频轨道。

图 4-28

图 4-29

图 4-30

图 4-31

步骤 03 此时点击"导出"按钮，可以导出视频，但为了让视频效果更美观，用户还可以为视频添加音乐、滤镜、特效和转场等。在工具栏中点击"音频"按钮，如图 4-30 所示。

步骤 04 进入音频工具栏，点击"提取音乐"按钮，如图 4-31 所示。

步骤 05 进入"照片视频"界面，❶选择要提取音乐的视频；❷点击"仅导入视频的声音"按钮，如图 4-32 所示，即可将视频中的音频提取出来，并添加到音频轨道中。

步骤 06 点击第 1 段和第 2 段素材中间的 ⬚ 按钮，如图 4-33 所示。

步骤 07 弹出"转场"面板，❶ 切换至"叠化"选项卡；❷ 选择"闪黑"转场效果，如图 4-34 所示。点击"全局应用"按钮，在剩下的素材之间添加相同的转场。

图 4-32

图 4-33　　　　　　图 4-34

图 4-35

图 4-36

步骤 08 ❶ 选择背景音乐；❷ 在工具栏中点击"节拍"按钮，如图 4-35 所示。

步骤 09 在弹出的"节拍"面板中，❶ 拖曳时间轴至相应位置；❷ 点击"添加点"按钮，如图 4-36 所示，即可在音频上添加一个节拍点。

步骤 10 用同样的方法，再在合适位置添加两个节拍点，如图 4-37 所示，以便根据音乐节拍调整素材的时长。

步骤 11 拖曳素材右侧的白色拉杆，调整 4 段素材的时长，使其结束位置分别对准相应的节拍点和音频结束位置，如图 4-38 所示。

步骤 12 ① 拖曳时间轴至视频起始位置；② 在工具栏中点击"特效"按钮，如图 4-39 所示。

图 4-37

图 4-38

图 4-39

步骤 13 进入特效工具栏，点击"画面特效"按钮，如图 4-40 所示。

步骤 14 进入特效素材库，① 切换至"基础"选项卡；② 选择"变彩色"特效，如图 4-41 所示，添加第 1 个特效，制作画面由黑白变成彩色的效果。

步骤 15 ① 拖曳"变彩色"特效右侧的白色拉杆，将特效的时长调整为与第 1 段素材的时长一致；② 在工具栏中点击"调整参数"按钮，如图 4-42 所示。

图 4-40

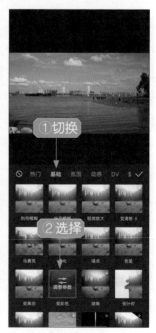
图 4-41

步骤 16 弹出"调整参数"面板，拖曳滑块，设置"变化速度"参数为 50，如图 4-43 所示，加快画面由黑白变成彩色的速度。

步骤 17 拖曳时间轴至视频起始位置，点击"画面特效"按钮，在"基础"选项卡中选择"变清晰"特效，如图 4-44 所示，添加第 2 个特效。

图 4-42

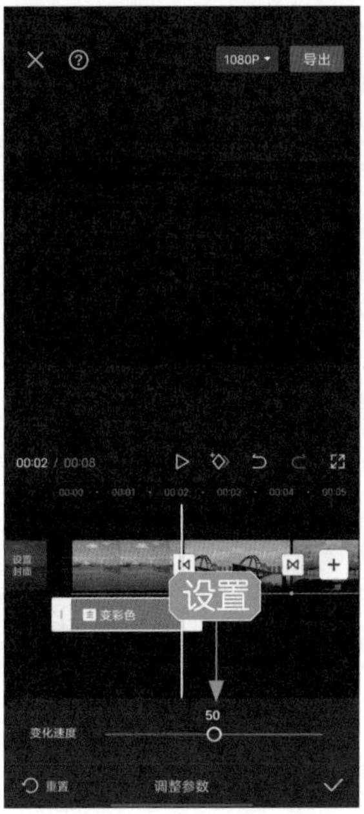

图 4-43

图 4-44

图 4-45

图 4-46

步骤 18 调整"变清晰"特效的时长，并在后面添加一个"Bling"选项卡中的"温柔细闪"特效，调整其位置和时长，如图 4-45 所示。

步骤 19 ❶选择"变彩色"特效；❷在工具栏中点击"复制"按钮，如图 4-46 所示，将其复制一份，并调整其位置和时长。

图 4-47

图 4-48

步骤 20 用同样的方法，再复制几段"变彩色"特效、"变清晰"特效和"温柔细闪"特效，并调整它们的位置和时长，如图 4-47 所示。

步骤 21 ❶拖曳时间轴至视频起始位置；❷在工具栏中点击"滤镜"按钮，如图 4-48 所示。

步骤 22 弹出相应面板，在"滤镜"|"风景"选项卡中选择"绿妍"滤镜，如图 4-49 所示，即可为视频添加一个滤镜。

步骤 23 拖曳"绿妍"滤镜右侧的白色拉杆，将其时长调整为与视频时长一致，如图 4-50 所示，即可将滤镜效果作用到所有片段，完成视频的制作。

图 4-49

图 4-50

033 添加图片玩法制作油画视频

扫码看教学视频　　扫码看案例效果

【效果展示】：使用剪映 App 的"图片玩法"功能可以为图片添加不同的趣味玩法，如根据一张图片即可生成对应的油画视频，效果如图 4-51 所示。

图 4-51

下面介绍在剪映 App 中添加图片玩法制作油画视频的具体操作方法。

步骤 01 在剪映中导入一张图片素材，❶选择素材；❷在工具栏中点击"复制"按钮，如图 4-52 所示，将图片素材复制一份。

步骤 02 ❶选择第 1 段素材；❷在工具栏中点击"抖音玩法"按钮，如图 4-53 所示。

步骤 03 弹出"抖音玩法"面板，在"场景变换"选项卡中选择"油画玩法"选项，如图 4-54 所示，即可根据图片生成一段油画视频。

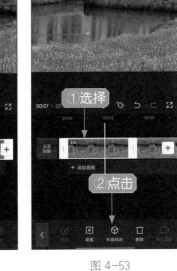
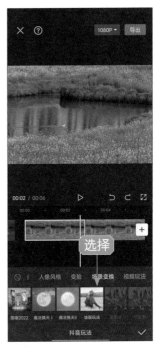

图 4-52　　　　　　　　图 4-53　　　　　　　　图 4-54

步骤 04 拖曳第 1 段素材右侧的白色拉杆，将其时长调整为 4.9 s，如图 4-55 所示。

步骤 05 点击第 1 段和第 2 段素材中间的 ⏐ 按钮，如图 4-56 所示。

步骤 06 弹出"转场"面板，在"光效"选项卡中选择"泛光"转场效果，如图 4-57 所示，在第 1 段和第 2 段素材之间添加一个转场。

图 4-55

图 4-56

图 4-57

步骤 07 ❶拖曳时间轴至视频起始位置；❷依次点击"音频"按钮和"提取音乐"按钮，如图 4-58 所示。

步骤 08 进入"照片视频"界面，❶选择要提取音乐的视频；❷点击"仅导入视频的声音"按钮，如图 4-59 所示，为视频添加背景音乐。

图 4-58

图 4-59

步骤 09 拖曳第 2 段素材右侧的白色拉杆，调整其时长，使其结束位置与背景音乐的结束位置对齐，如图 4-60 所示。

步骤 10 在工具栏中点击"滤镜"按钮，如图 4-61 所示。

步骤 11 在弹出的面板中，在"滤镜"|"风景"选项卡中选择"绿妍"滤镜，如图 4-62 所示，为第 2 段素材添加一个滤镜。

图 4-60

图 4-61

图 4-62

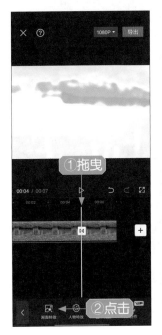

图 4-63

图 4-64

步骤 12 ❶拖曳时间轴至第 2 段素材的起始位置；❷依次点击"特效"按钮和"画面特效"按钮，如图 4-63 所示。

步骤 13 进入特效素材库，在"氛围"选项卡中选择"星火炸开"特效，如图 4-64 所示，为第 2 段素材添加一个特效。

图 4-65

图 4-66

步骤 14 在第 2 段素材的起始位置，点击"文字"按钮，如图 4-65 所示。

步骤 15 进入文字工具栏，点击"文字模板"按钮，如图 4-66 所示。

步骤 16 在"文字模板"|"片头标题"选项卡中，选择一个合适的模板，如图 4-67 所示。

步骤 17 ①在预览区域调整文字模板的大小和位置；②调整文字模板的时长，如图 4-68 所示，即可完成视频的制作。

图 4-67

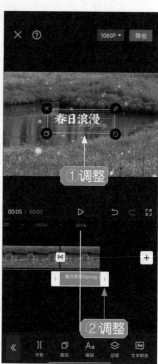

图 4-68

第**5**章

视频生视频：为素材套用模板和素材包

学习提示

　　用户可能会遇到这样的情况：有视频素材却不知道该如何制作视频效果，或者是制作的视频效果不够好。此时，用户可以通过套用模板和素材包快速生成精美的视频效果。

本章重点导航

- ◇ 运用模板功能生成视频
- ◇ 添加素材包轻松完成编辑

5.1 运用模板功能生成视频

剪映电脑版的"模板"功能非常强大，用户只需要选择喜欢的模板，然后导入相应的素材即可生成同款视频效果。在剪映电脑版中，用户可以在"模板"面板中筛选模板，也可以从视频编辑界面的"模板"功能区的"模板"选项卡中搜索模板。

034 从模板面板中筛选模板

【效果展示】：用户在"模板"面板中挑选模板时，可以通过设置筛选条件找到需要的模板，提高用剪映自动生成视频的效率，本案例效果如图 5-1 所示。

扫码看教学视频

扫码看案例效果

图 5-1

下面介绍在剪映电脑版中从"模板"面板中筛选模板生成视频的具体操作方法。

步骤 01 打开剪映电脑版，在首页单击"模板"按钮，如图 5-2 所示。

图 5-2

步骤 02 执行操作后，进入"模板"面板，❶ 单击"画幅比例"选项右侧的下拉按钮；❷ 在弹出的列表框中选择"横屏"选项，如图 5-3 所示，筛选横屏的视频模板。

图 5-3

步骤 03 用同样的方法，❶ 设置"片段数量"为 2、"模板时长"为 0-15 秒；❷ 在"推荐"选项卡中选择喜欢的视频模板，如图 5-4 所示。

图 5-4

步骤 04 执行操作后，弹出模板预览面板，用户可以预览模板效果，如果觉得满意，可单击"使用模板"按钮，如图 5-5 所示。

步骤 05 稍等片刻，即可进入模板编辑界面，在视频轨道中单击第 1 段素材缩略图中的➕按钮，如图 5-6 所示。

步骤 06 在弹出的"请选择媒体资源"对话框中，❶选择相应的视频素材；
❷单击"打开"按钮，如图 5-7 所示，即可将第 1 段素材导入视频轨道，并套用模板效果。

步骤 07 用同样的方法，导入第 2 段素材，如图 5-8 所示。

步骤 08 用户可以在"播放器"面板中查看生成的视频效果，如果觉得满意，
单击界面右上角的"导出"按钮，如图 5-9 所示，将其导出即可。

图 5-5

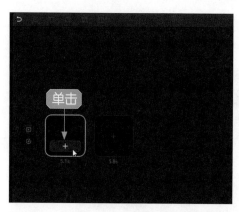

图 5-6

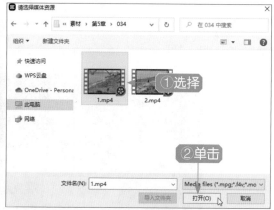

图 5-7

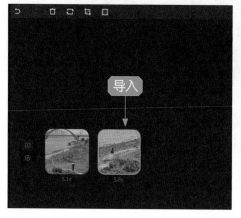

图 5-8

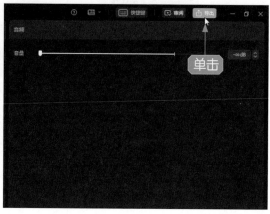

图 5-9

035 从模板选项卡中搜索模板

【效果展示】：在视频编辑界面中，用户可以先导入素材，再在"模板"功能区的"模板"选项卡中通过搜索挑选喜欢的视频模板，并自动套用模板效果，本案例效果如图 5-10 所示。

扫码看教学视频

扫码看案例效果

图 5-10

下面介绍在剪映电脑版中从"模板"选项卡中挑选模板生成视频的具体操作方法。

步骤 01 打开剪映电脑版，在首页单击"开始创作"按钮，进入视频编辑界面，单击"媒体"功能区中的"导入"按钮，如图 5-11 所示。

步骤 02 弹出"请选择媒体资源"对话框，❶选择相应的视频素材；❷单击"打开"按钮，如图 5-12 所示，即可将视频素材导入"媒体"功能区。

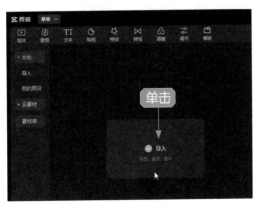
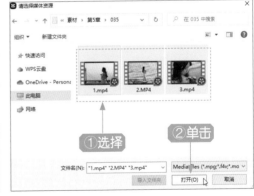

图 5-11

图 5-12

步骤 03 ❶切换至"模板"功能区；❷在"模板"选项卡的搜索框中输入模板关键词，按 Enter 键即可进行搜索；❸在搜索结果中单击相应视频模板右下角的"添加到轨道"按钮 ，如图 5-13 所示，将视频模板添加到视频轨道。

步骤 04 在视频轨道中单击视频模板缩略图上的"替换素材"按钮，如图 5-14 所示。

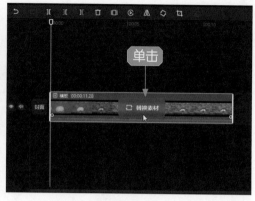

图 5-13　　　　　　　　　　　图 5-14

步骤 05 进入模板编辑界面，❶选择所有素材；❷单击第 1 段素材右下角的"添加到轨道"按钮➕，如图 5-15 所示，即可完成模板的套用。

图 5-15

5.2 添加素材包轻松完成编辑

素材包是剪映提供的一种局部模板，一个素材包通常包括特效、音频、文字和滤镜等素材。与完整的视频模板相比，素材包模板的时长通常比较短，更适合用来制作片头、片尾和为视频中的某个片段增加趣味性元素，让视频编辑变得更加智能。

036 添加片头素材包

【效果展示】：剪映提供了多种类型的素材包，用户可以为素材添加一个片头素材包来快速制作片头

扫码看教学视频

扫码看案例效果

效果，本案例效果如图 5-16 所示。

图 5-16

下面介绍在剪映电脑版中添加片头素材包的具体操作方法。

步骤 01 在剪映电脑版中导入一段视频素材，将其添加到视频轨道，如图 5-17 所示。

步骤 02 ❶切换至"模板"功能区；❷展开"素材包"｜"片头"选项卡；❸单击相应素材包右下角的"添加到轨道"按钮 ➕，如图 5-18 所示，为视频添加一个片头素材包。

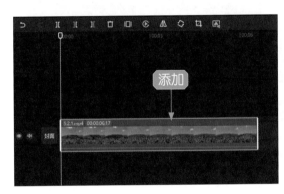

图 5-17

图 5-18

步骤 03 在音频轨道上双击素材包自带的音乐，将其时长调整为与视频时长一致，如图 5-19 所示，完成片头视频的制作。

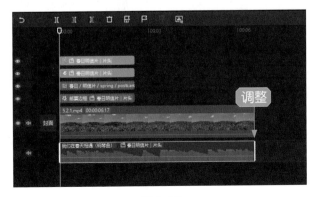

图 5-19

专家指点

　　素材包中的所有素材都是一个整体，通常用户只能进行整体的调整和删除。如果想单独对某一个素材进行调整，只需双击该元素即可。

037 添加片尾素材包

　　【效果展示】：当用户为视频添加片尾素材包之后，可以删除素材包中的某个素材，并手动添加合适的同类素材，本案例效果如图 5-20 所示。

扫码看教学视频

扫码看案例效果

图 5-20

　　下面介绍在剪映电脑版中添加片尾素材包的具体操作方法。

　　步骤 01　在剪映电脑版中导入一段视频素材，将其添加到视频轨道，❶切换至"模板"功能区；❷展开"素材包"｜"片尾"选项卡；❸单击相应素材包右下角的"添加到轨道"按钮➕，如图 5-21 所示，为视频添加一个片尾素材包。

　　步骤 02　调整素材包的整体位置，使其结束位置对准视频的结束位置，如图 5-22所示。

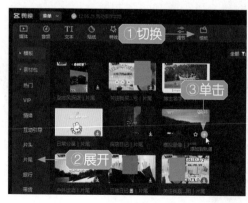

图 5-21

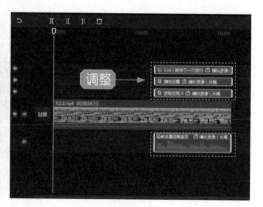

图 5-22

步骤 03 ①双击"录制边框Ⅱ"特效，即可选择该特效；②单击"删除"按钮 🗑，如图 5-23 所示，将其删除。

步骤 04 ①切换至"特效"功能区；②在"画面特效"|"边框"选项卡中，单击"录制边框"特效右下角的"添加到轨道"按钮 ⊕，如图 5-24 所示，添加一个新的特效。

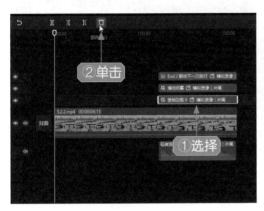

图 5-23

图 5-24

步骤 05 调整"录制边框"特效的时长，使其结束位置对准"横向闭幕"特效的起始位置，如图 5-25 所示。

步骤 06 ①双击音效，即可选择素材包自带的音效；②单击"删除"按钮 🗑，如图 5-26 所示，将其删除。

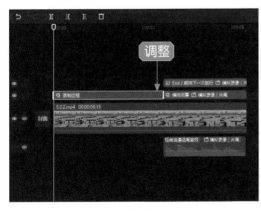

图 5-25

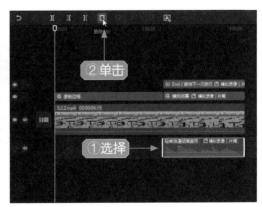

图 5-26

步骤 07 ①切换至"音频"功能区；②在"音乐素材"|"舒缓"选项卡中单击相应音乐右下角的"添加到轨道"按钮 ⊕，如图 5-27 所示，为视频添加新的背景音乐。

步骤 08 ❶拖曳时间轴至视频结束位置;❷单击"向右裁剪"按钮 ⟧，如图 5-28
所示，即可自动分割并删除多余的音频片段。

图 5-27

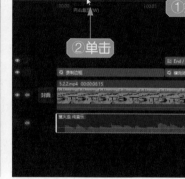

图 5-28

第6章 基础剪辑技巧：轻松处理素材

学习提示

　　用户在使用素材生成视频之前，可能需要对素材进行一些简单的处理；当用户得到 AI 生成的视频之后，可能还需要进行一些优化处理，让画面效果更美观。因此，掌握素材的基本处理和优化技巧是很有必要的。

本章重点导航

◆ 对素材进行基础编辑

◆ 制作酷炫的视频特效

6.1 对素材进行基础编辑

用户可以运用剪映电脑版对素材进行时长裁剪、倒放处理、添加音乐、添加滤镜、添加字幕和转场等编辑，从而达到美化素材的目的。

038 一键裁剪素材时长

【效果展示】：在剪映电脑版中导入素材之后就可以进行基本的剪辑操作了，当导入的素材时长太长时，用户可以通过一键裁剪对素材进行分割和删除操作，从而调整素材的时长，本案例效果如图 6-1 所示。

扫码看教学视频　　扫码看案例效果

图 6-1

下面介绍在剪映电脑版中一键裁剪素材时长的具体操作方法。

步骤 01 在"本地"选项卡中导入素材，单击视频素材右下角的"添加到轨道"按钮➕，如图 6-2 所示，即可将素材添加到视频轨道中。

步骤 02 在时间线面板中，❶拖曳时间轴至 7 s 的位置；❷单击"向右裁剪"按钮，如图 6-3 所示，即可完成对素材时长的调整。

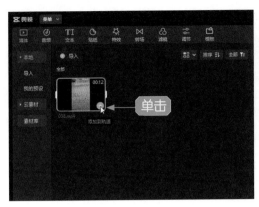

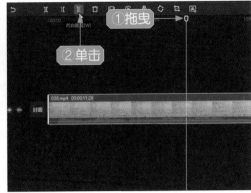

图 6-2　　　　　　　　　　　　　　　　　　图 6-3

039 对素材进行倒放处理

【效果展示】：在剪映中可以将素材进行倒放，从而制作时光倒流的效果。需要注意的是，在对素材进行倒放处理之前，最好先将素材的音频分离出来，本案例效果如图 6-4 所示。

扫码看教学视频　　　　扫码看案例效果

图 6-4

下面介绍在剪映电脑版中对素材进行倒放处理的具体操作方法。

步骤 01 在"本地"选项卡中导入素材，单击视频素材右下角的"添加到轨道"按钮 ，如图 6-5 所示，即可将素材添加到视频轨道中。

步骤 02 在视频素材上单击鼠标右键，在弹出的快捷菜单中选择"分离音频"选项，如图 6-6 所示，将视频的音频分离出来，避免在对视频进行倒放处理时影响背景音乐。

专家指点

如果视频的背景音乐是纯音乐，也可以不将其分离出来，直接进行倒放处理，这样既可以得到时光倒流的视频效果，也能得到一首新的背景音乐。用户也可以将素材静音，待倒放完成后为其添加新的背景音乐。

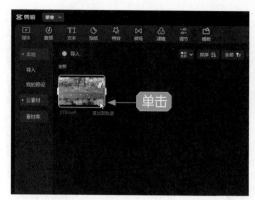

图 6-5

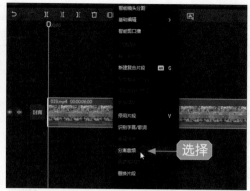

图 6-6

步骤 03 在时间线面板的上方单击"倒放"按钮 ⓒ，如图 6-7 所示。

步骤 04 执行操作后，弹出"片段倒放中 ..."提示框，并显示倒放进度，如图 6-8 所示，稍等片刻，即可查看倒放效果。

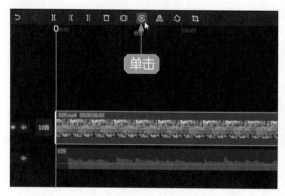

图 6-7

图 6-8

040 为视频添加背景音乐

【效果展示】：剪映电脑版有非常丰富的背景音乐曲库，用户可以根据自己的视频内容搜索相应的背景音乐进行添加，本案例的视频效果如图 6-9 所示。

扫码看教学视频

扫码看案例效果

图 6-9

下面介绍在剪映电脑版中为视频添加背景音乐的具体操作方法。

步骤 01 在"本地"选项卡中导入视频素材，单击其右下角的"添加到轨道"按钮➕，如图 6-10 所示，将视频素材添加到视频轨道中。

步骤 02 在视频轨道的起始位置单击"关闭原声"按钮🔊，如图 6-11 所示，将视频静音，以便后续添加新的背景音乐。

图 6-10

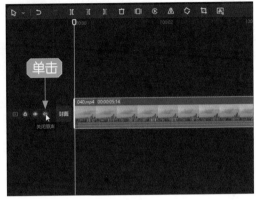
图 6-11

步骤 03 ❶切换至"音频"功能区；❷在"音乐素材"选项卡的搜索框中输入音乐关键词，如图 6-12 所示，按 Enter 键即可进行搜索。

步骤 04 稍等片刻后，会显示满足搜索条件的歌曲，单击相应音乐右下角的"添加到轨道"按钮➕，如图 6-13 所示。

图 6-12

图 6-13

步骤 05 执行操作后，即可将音乐添加到音频轨道中，如图 6-14 所示。

步骤 06 ❶拖曳时间轴至视频结束位置；❷在时间线面板的左上方单击"向右裁剪"按钮，如图 6-15 所示，调整背景音乐的时长，完成音乐的添加。

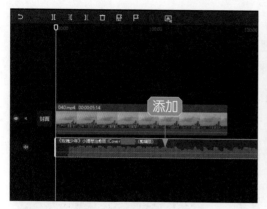

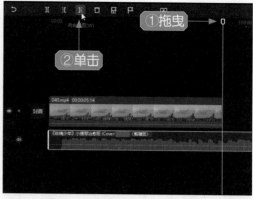

图 6-14   图 6-15

专家指点

如果用户是第一次使用某首音乐，需要先单击该音乐右下角的下载按钮⬇进行下载，下载完成后，下载按钮⬇会变成"添加到轨道"按钮➕，并自动播放该音乐。

041 为视频添加合适的滤镜

【效果展示】：用户为视频添加滤镜时，可以多尝试几个滤镜，然后挑选最佳的滤镜效果，添加合适的滤镜能让画面焕然一新，本案例调色前后对比如图 6-16 所示。

扫码看教学视频

扫码看案例效果

图 6-16

下面介绍在剪映电脑版中为视频添加合适滤镜的具体操作方法。

步骤 01 在"本地"选项卡中导入素材，单击视频素材右下角的"添加到轨道"按钮➕，如图 6-17 所示，即可将素材添加到视频轨道中。

步骤 02 ❶单击"滤镜"按钮，进入"滤镜"功能区；❷切换至"影视级"选项卡；❸单击"月升之国"滤镜右下角的"添加到轨道"按钮➕，如图6-18所示。

图6-17   图6-18

步骤 03 执行操作后，即可为视频添加一个滤镜，并可在"播放器"面板中查看画面效果，如图6-19所示。

步骤 04 由于添加滤镜后的画面显得灰暗，可以单击时间线面板中的"删除"按钮▇，如图6-20所示，删除添加的滤镜。

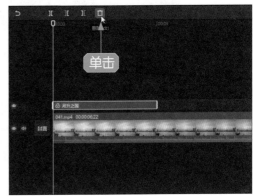

图6-19   图6-20

步骤 05 ❶切换至"风景"选项卡；❷单击"橘光"滤镜右下角的"添加到轨道"按钮➕，如图6-21所示，即可为视频添加新的滤镜。

步骤 06 在"滤镜"操作区中设置"强度"参数为80，如图6-22所示，即可调整滤镜的作用效果。

步骤 07 在滤镜轨道中拖曳"橘光"滤镜右侧的白色拉杆，调整滤镜的持续时长，使其与视频时长保持一致，如图6-23所示。

图 6-21

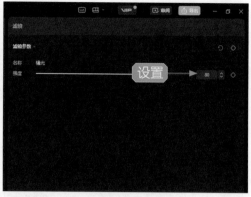

图 6-22

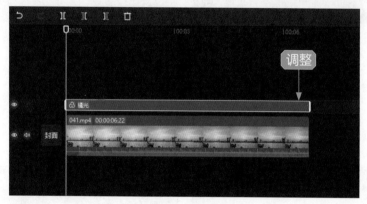

图 6-23

042 为视频添加字幕

扫码看教学视频

扫码看案例效果

【效果展示】：用户可以根据素材画面展示的内容添加相应的字幕，还可以为文字设置字体、添加动画，让文字更加生动，本案例效果如图 6-24 所示。

图 6-24

下面介绍在剪映电脑版中为视频添加字幕的具体操作方法。

步骤 01 在剪映中导入视频素材并将其添加到视频轨道中，如图 6-25 所示。

步骤 02 ❶切换至"文本"功能区；❷在"新建文本"选项卡中单击"默认文本"选项右下角的"添加到轨道"按钮 ⊕，如图 6-26 所示。

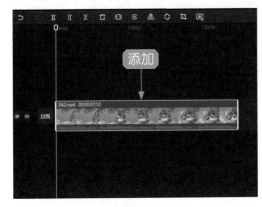

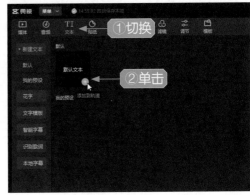

| 图 6-25 | 图 6-26 |

步骤 03 执行操作后，即可添加一个默认文本，如图 6-27 所示。

步骤 04 拖曳文本右侧的白色拉杆，将其时长调整为与视频的时长一致，如图 6-28 所示。

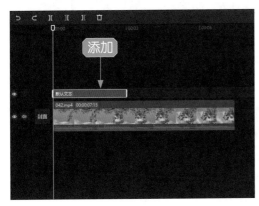

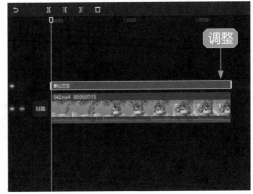

| 图 6-27 | 图 6-28 |

步骤 05 在"文本"操作区的"基础"选项卡中，❶输入相应文字；❷设置一个合适的字体，如图 6-29 所示。

步骤 06 ❶切换至"花字"选项卡；❷选择一个合适的花字样式，如图 6-30 所示。

步骤 07 ❶切换至"动画"操作区；❷在"入场"选项卡中选择"晕开"动画；❸设置"动画时长"参数值为 2.0 s，如图 6-31 所示。

步骤 08 ❶切换至"出场"选项卡；❷选择"扭曲模糊"动画；❸设置"动画时长"参数值为 1.0 s，如图 6-32 所示。

图 6-29

图 6-31

图 6-30

图 6-32

步骤 09 在"播放器"面板中调整文字的位置，如图 6-33 所示，即可完成字幕的添加。

图 6-33

043 在多个素材之间添加转场

【效果展示】：在剪映中可以在多个素材之间添

扫码看教学视频

扫码看案例效果

加同一个转场效果，也可以删除添加的相同转场效果，重新添加不同的转场，让素材的切换更多变，本案例的效果如图 6-34 所示。

图 6-34

下面介绍在剪映电脑版中在多个素材之间添加转场的具体操作方法。

步骤 01 在"媒体"功能区中导入 3 段视频素材和 1 段背景音乐，如图 6-35 所示。

步骤 02 将视频素材依次导入视频轨道中，拖曳时间轴至第 1 段素材的结束位置，如图 6-36 所示。

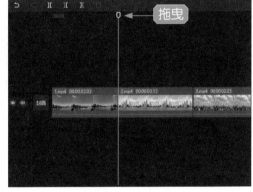

图 6-35　　　　　　　　　　　　　　图 6-36

步骤 03 ❶切换至"转场"功能区；❷在"叠化"选项卡中单击"叠化"转场右下角的"添加到轨道"按钮➕，如图 6-37 所示，即可在第 1 段和第 2 段素材之间添加一个转场。

步骤 04 在"转场"操作区中，❶设置"时长"参数值为 1.0 s，让转场效果存在的时间更长；❷单击"应用全部"按钮，如图 6-38 所示，即可在第 2 段和第 3 段素材之间添加一个相同的"叠化"转场。

步骤 05 如果想删除添加的转场，❶选择第 2 段和第 3 段素材之间的"叠化"转场；❷单击"删除"按钮🗑即可，如图 6-39 所示。

步骤 06 拖曳时间轴至第 2 段素材的结束位置，在"转场"功能区的"叠化"

选项卡中，单击"水墨"转场右下角的"添加到轨道"按钮，如图 6-40 所示，即可在第 2 段和第 3 段素材之间添加一个"水墨"转场。

图 6-37

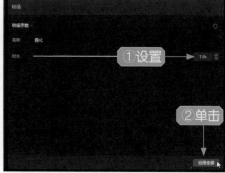

图 6-38

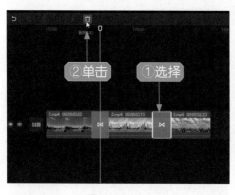

图 6-39

图 6-40

步骤 07 在"转场"操作区中，设置"水墨"转场的"时长"参数值为 1.0 s，如图 6-41 所示。

步骤 08 将背景音乐添加到音频轨道中，并调整其时长，如图 6-42 所示，即可完成转场的添加。

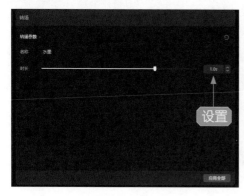

图 6-41

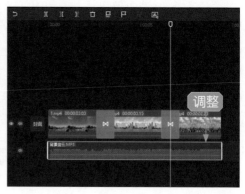

图 6-42

6.2 制作酷炫的视频特效

除了对素材进行编辑，用户也可以用剪映电脑版轻松制作酷炫的视频特效。本节介绍为视频添加特效、制作定格片尾特效、制作移动水印、制作调色对比和制作文字消散效果的操作方法。

044 为视频添加边框特效

【效果展示】：在剪映中可以为视频直接添加特效，如为视频添加"边框"特效选项卡中的"录制边框Ⅱ"特效，从而增加视频的个性和趣味性，本案例效果如图 6-43 所示。

扫码看教学视频　扫码看案例效果

图 6-43

下面介绍在剪映电脑版中为视频添加边框特效的具体操作方法。

步骤 01 单击素材右下角的"添加到轨道"按钮 ➕，如图 6-44 所示，将其导入轨道。

步骤 02 ❶切换至"特效"功能区；❷在"画面特效"|"边框"选项卡中，单击"录制边框Ⅱ"特效右下角的"添加到轨道"按钮 ➕，如图 6-45 所示，即可为视频素材添加一个边框特效。

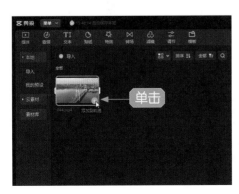

图 6-44　　　　　　　　　　　　图 6-45

步骤 **03** 调整 "录制边框Ⅱ" 特效的时长，如图 6-46 所示，使其与视频的时长保持一致。

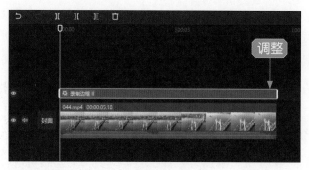

图 6-46

045 制作定格片尾特效

【效果展示】：通过定格画面和滤镜制作照片变旧的效果，然后添加动态贴纸，就能制作定格片尾特效，与电影《悬崖之上》的片尾有些相像，本案例的效果如图 6-47 所示。

扫码看教学视频

扫码看案例效果

图 6-47

下面介绍在剪映电脑版中制作定格片尾特效的具体操作方法。

步骤 **01** 在剪映电脑版中导入视频和背景音乐，并将视频和背景音乐分别添加到视频轨道和音频轨道中，❶拖曳时间轴至视频的结束位置；❷单击 "定格" 按钮▣，如图 6-48 所示。

步骤 **02** 执行操作后，在视频末尾会生成一段 3 s 的定格素材，设置定格素材的时长为 6 s，如图 6-49 所示。

步骤 **03** 在定格素材的起始位置为 "缩放" 和 "位置" 选项添加关键帧◆，如图 6-50 所示。

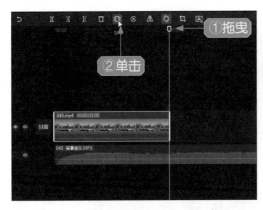
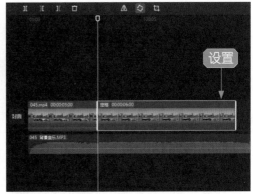

图 6-48   图 6-49

图 6-50

步骤 04 拖曳时间轴至视频 6 s 的位置，设置定格素材的"缩放"参数值为 40%、"位置"的 Y 参数值为 413，如图 6-51 所示，调整定格素材的画面大小和位置。

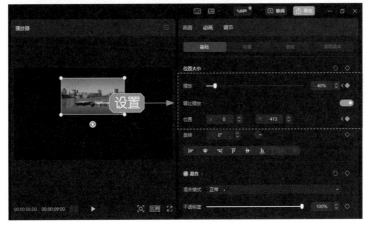

图 6-51

步骤 05 ❶切换至"贴纸"功能区；❷搜索"告别"贴纸；❸单击相应贴纸右下角的"添加到轨道"按钮，如图 6-52 所示，在 6 s 的位置为视频添加一个贴纸。

步骤 06 ❶切换至"动画"操作区；❷选择"渐显"入场动画；❸设置"动画时长"的参数值为 1.5 s，如图 6-53 所示。

图 6-52

图 6-53

步骤 07 ❶切换至"贴纸"操作区；❷设置"缩放"参数值为 54%、"位置"的 Y 参数值为 -274，如图 6-54 所示，调整贴纸的位置和大小。

步骤 08 拖曳时间轴至定格素材的起始位置，❶切换至"滤镜"功能区；❷展开"黑白"选项卡；❸单击"布朗"滤镜右下角的"添加到轨道"按钮，如图 6-55 所示，即可添加滤镜，制作老照片效果。

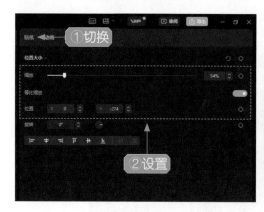

图 6-54

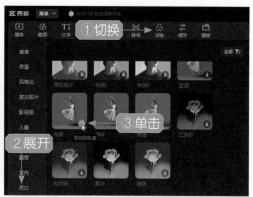
图 6-55

步骤 09 调整"布朗"滤镜的时长，使滤镜的末尾位置对齐定格素材的末尾位置，如图 6-56 所示。

步骤 10 在"滤镜"操作区中，❶在"布朗"滤镜的起始位置为"强度"选项添加关键帧；❷设置"强度"参数值为 0，如图 6-57 所示。

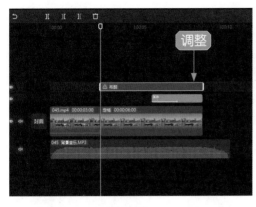

图 6-56

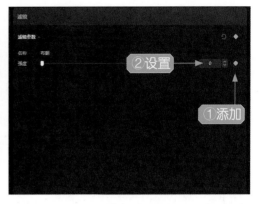

图 6-57

步骤 11 拖曳时间轴至贴纸的起始位置，设置"强度"参数值为 100，如图 6-58 所示，制作画面慢慢变成旧照片的效果。

步骤 12 调整背景音乐的时长，使其与视频时长保持一致，如图 6-59 所示。

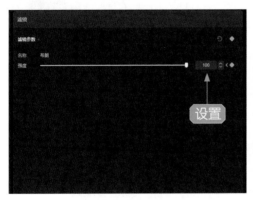

图 6-58

图 6-59

046 制作移动水印

【效果展示】：静止不动的水印容易被裁剪掉，或者被挡住，从而失去水印的作用，因此给视频添加移动水印才是最保险的，本案例的效果如图 6-60 所示。

扫码看教学视频

扫码看案例效果

图 6-60

下面介绍在剪映电脑版中制作移动水印的具体操作方法。

步骤 01 将视频素材添加到视频轨道中，并添加一个默认文本，调整文本时长，使其与视频时长一致，如图 6-61 所示。

步骤 02 在"文本"操作区中，❶输入水印内容；❷设置一个合适的字体；❸设置"字号"参数值为 8，如图 6-62 所示，将文字缩小。

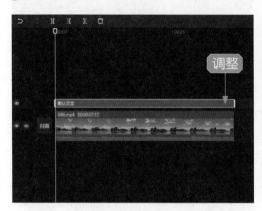

图 6-61

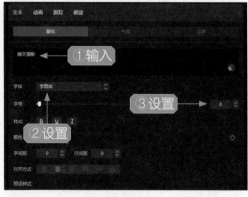

图 6-62

步骤 03 ❶设置文字的"不透明度"参数值为 65%，"位置"的 X 参数值为 -1478、Y 参数值为 915，调整文字的显示效果和位置；❷单击"位置"选项右侧的"添加关键帧"按钮◆，如图 6-63 所示，在文字的起始位置添加第 1 个关键帧。

图 6-63

步骤 04 拖曳时间轴至 2 s 的位置，❶设置"位置"的 X 参数值为 -1367、Y 参数值为 -492，调整文字的位置；❷"位置"选项右侧的关键帧按钮◆会自动点亮，如图 6-64 所示，即可制作出第 1 段水印移动效果。

图 6-64

步骤 05 用同样的方法，分别在 4 s 和视频的结束位置设置水印文字的"位置"
参数，如图 6-65 所示，即可完成移动水印效果的制作。

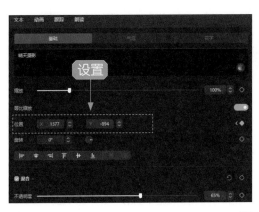 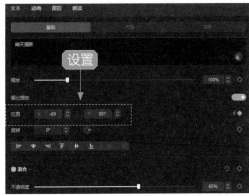

图 6-65

📖 047 制作调色滑屏对比

【效果展示】：在剪映中运用"线性"蒙版可
以制作调色滑屏对比视频，将调色前和调色后的两
个视频合成在一个视频场景中，随着蒙版的移动，
调色前的视频画面逐渐消失，调色后的视频画面逐
渐显现，本案例的效果如图 6-66 所示。

扫码看教学视频

扫码看案例效果

图 6-66

下面介绍在剪映电脑版中制作调色滑屏对比的具体操作方法。

步骤 01 将视频素材添加到视频轨道中，①切换至"滤镜"功能区；②在"露营"选项卡中单击"宿营"滤镜右下角的"添加到轨道"按钮 ，如图 6-67 所示，为视频添加一个滤镜进行调色。

步骤 02 调整"宿营"滤镜的持续时长，使其与视频时长保持一致，如图 6-68 所示。

图 6-67

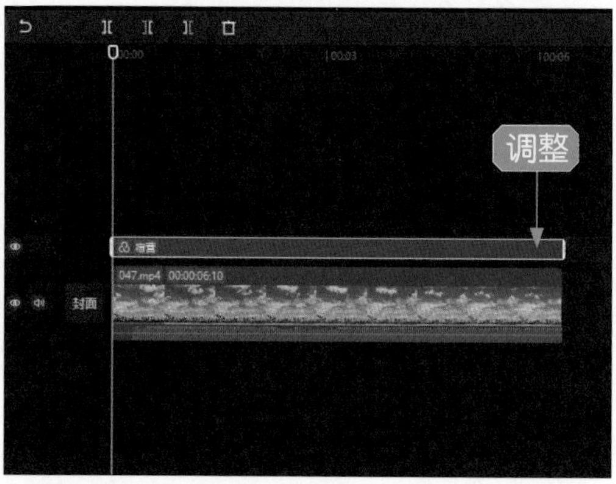

图 6-68

步骤 03 将调色视频导出备用，①同时选中"宿营"滤镜和视频素材；②单击"删除"按钮 ，如图 6-69 所示，将所有轨道清空。

步骤 04 将上一步导出的调色素材导入"本地"选项卡中，①将调色素材添加到视频轨道中；②将原视频素材添加到画中画轨道中，如图 6-70 所示。

步骤 05 ①切换至"蒙版"选项卡；②选择"线性"蒙版；③设置"位置"的 X 参数值为 -960、"旋转"参数值为 90°；④单击"位置"选项右侧的"添加关键帧"按钮 ，如图 6-71 所示，在视频的起始位置添加第 1 个关键帧。

步骤 06 拖曳时间轴至视频结束位置，①设置"位置"的 X 参数值为 960；②"位置"选项右侧的关键帧按钮 会自动点亮，如图 6-72 所示，即可完成滑屏效果的制作。

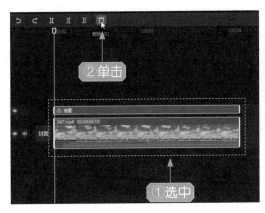
图 6-69

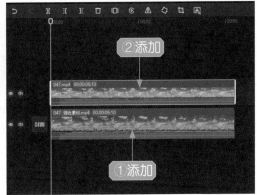
图 6-70

图 6-71

图 6-72

048 制作文字消散效果

【效果展示】：运用"混合模式"功能可以在视频上叠加使用很多素材，如将消散粒子素材和文字搭配就可以制作唯美、浪漫的文字消散效果，本案例的效果如图 6-73 所示。

图 6-73

下面介绍在剪映电脑版中制作文字消散效果的具体操作方法。

步骤 01 在剪映中导入消散粒子素材和视频素材，将视频素材添加到视频轨道中，在视频起始位置添加一段默认文本，并调整其时长，如图 6-74 所示。

步骤 02 在"文本"操作区中，❶输入文字内容；❷设置一个合适的文字字体，如图 6-75 所示。

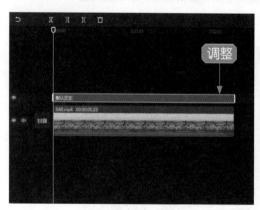 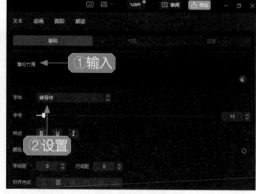

图 6-74   图 6-75

步骤 03 ❶切换至"动画"操作区；❷选择"晕开"入场动画；❸设置"动画时长"参数值为 1.5 s，如图 6-76 所示。

步骤 04 ❶切换至"出场"选项卡；❷选择"溶解"动画；❸设置"动画时长"参数值为 2.5 s，如图 6-77 所示。

图 6-76   图 6-77

步骤 **05** 将消散粒子素材拖曳至画中画轨道中，使其结束位置对准视频的结束位置，如图 6-78 所示。

步骤 **06** 在"画面"操作区中，设置"混合模式"为"滤色"，如图 6-79 所示，即可去除素材中的黑色，只留下白色的消散粒子。

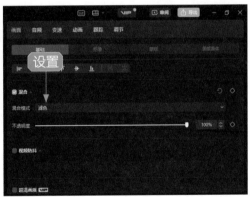

图 6-78   图 6-79

第7章

剪映 + AI 功能：高效完成视频制作

学习提示

　　如何提高素材处理和视频制作的效率？最简单的方法就是在剪辑中借助 AI，一键完成那些烦琐、重复的工作。本章主要介绍在剪映电脑版中使用 AI 功能完成素材处理和视频制作的操作方法。

本章重点导航

◇ 借助 AI 完成素材处理

◇ 运用 AI 功能制作视频

7.1 借助 AI 完成素材处理

如何让素材的处理变得更高效、更便捷？当然是借助 AI。使用剪映电脑版的"智能镜头分割"功能和"智能补帧"功能可以帮助用户进行素材的分割处理和变速效果的优化，从而快速完成对素材的初步处理。

049 用 AI 完成镜头分割

扫码看教学视频

在剪映电脑版中，使用"智能镜头分割"功能可以自动检测视频场景并剪辑视频片段，从而帮助用户一键完成素材处理。下面介绍在剪映电脑版中用 AI 完成镜头分割的具体操作方法。

步骤 01 将视频素材导入"媒体"功能区，将其添加到视频轨道中，如图 7-1 所示。

步骤 02 在素材上单击鼠标右键，在弹出的快捷菜单中选择"智能镜头分割"选项，如图 7-2 所示。

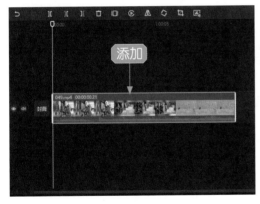

图 7-1

图 7-2

步骤 03 执行操作后，弹出"片段分割中"提示框，并显示分割进度，如图 7-3 所示。

步骤 04 稍等片刻，即可完成分割，此时可以看到在视频轨道中，AI 根据场景将素材分割成了 3 个小片段，如图 7-4 所示。

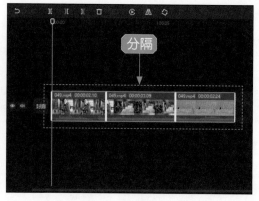

图 7-3   图 7-4

050 运用智能补帧功能优化变速效果

【效果展示】：在剪映中，用户为素材添加变速效果后，如果想避免素材出现卡顿的情况，就可以运用"智能补帧"功能对效果进行优化，案例效果如图 7-5 所示。

扫码看教学视频

扫码看案例效果

图 7-5

下面介绍在剪映电脑版中运用"智能补帧"功能优化变速效果的具体操作方法。

步骤 01 将素材添加到视频轨道中，在视频上单击鼠标右键，在弹出的快捷菜单中选择"分离音频"选项，如图 7-6 所示，将视频中的背景音乐分离出来。

步骤 02 ①切换至"变速"操作区；②在"曲线变速"选项卡中选择"蒙太奇"选项，如图 7-7 所示，即可为视频添加"蒙太奇"变速效果。

步骤 03 在"曲线变速"选项卡中，①选中"智能补帧"复选框；②设置"智能补帧"的方法为"帧融合"，如图 7-8 所示，稍等片刻，即可完成变速视频的补帧处理。

步骤 04 调整背景音乐的时长，使其与视频时长保持一致，如图 7-9 所示。

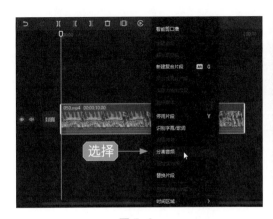

图 7-6

图 7-7

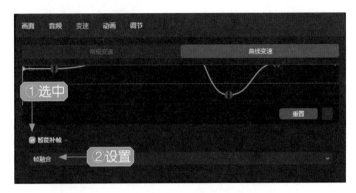

图 7-8

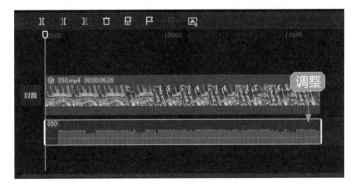

图 7-9

7.2 运用 AI 功能制作视频

除了能加速对视频素材的处理，剪映电脑版的 AI 功能还可以用来制作美观、酷炫的视频效果。本节介绍运用"智能抠像""变声""自动卡点""文本朗读""识别歌词""智能字幕"等 AI 功能制作视频的具体操作方法。

051 运用智能抠像功能制作投影仪效果

【效果展示】：利用"智能抠像"功能将视频中的人像抠出来，这样可以让人像不被另一段素材遮挡，从而制作一种投影放映的效果，画面十分唯美，案例效果如图 7-10 所示。

扫码看教学视频

扫码看案例效果

图 7-10

下面介绍在剪映电脑版中运用"智能抠像"功能制作投影仪效果的具体操作方法。

步骤 01 在剪映中导入两段视频素材，并将它们添加到视频轨道中，如图 7-11 所示。

步骤 02 ❶拖曳时间轴至 2 s 的位置；❷单击"分割"按钮 ▐▌，如图 7-12 所示，将第 1 段素材分割为两段。

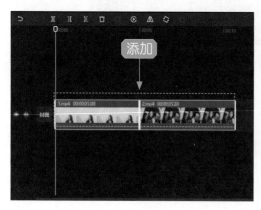
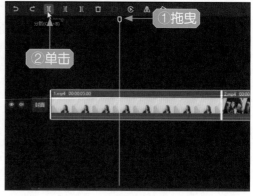

图 7-11   图 7-12

步骤 03 选择第 3 段素材，将其拖曳至画中画轨道中，如图 7-13 所示。

步骤 04 调整画中画轨道中素材的时长，使其结束位置对准第 2 段素材的结束位置，如图 7-14 所示。

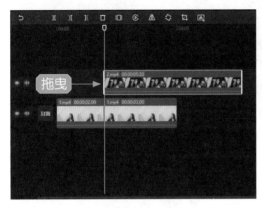
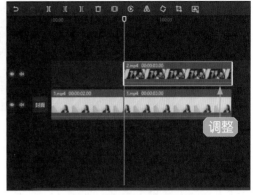

图 7-13   图 7-14

步骤 05 选择画中画轨道中的素材，在"画面"操作区的"基础"选项卡中，设置"缩放"参数值为 125%、"位置"的 Y 参数值为 873、"不透明度"参数值为 80%，如图 7-15 所示，调整素材的位置和大小，并为素材添加半透明效果。

图 7-15

步骤 06 在"画面"操作区的"蒙版"选项卡中，❶ 选择"线性"蒙版；❷ 设置"位置"的 Y 参数值为 -468、"羽化"参数值为 15，如图 7-16 所示，使素材的边缘虚化，进一步加强投影效果。

步骤 07 复制视频轨道中的第 2 段视频素材，并将其粘贴在画中画轨道中，如图 7-17 所示。

步骤 08 选择粘贴的素材，在"画面"操作区的"抠像"选项卡中，选中"智能抠像"复选框，如图 7-18 所示，即可抠出人像，让画面下方的人像不被另一段素材遮挡。

图 7-16

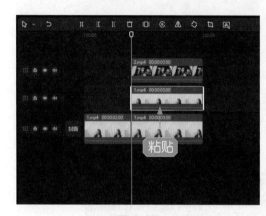

图 7-17

图 7-18

步骤 09 将时间轴拖曳至视频起始位置，❶切换至"特效"功能区；❷展开"画面特效"|"基础"选项卡；❸单击"变清晰"特效右下角的"添加到轨道"按钮 ➕，如图 7-19 所示，为视频添加第 1 个特效。

步骤 10 调整"变清晰"特效的时长，使其结束位置与第 1 段素材的结束位置对齐，如图 7-20 所示。

步骤 11 将时间轴拖曳至"变清晰"特效的结束位置，在"画面特效"|"氛围"选项卡中，单击"梦蝶"特效右下角的"添加到轨道"按钮 ➕，如图 7-21 所示，添加第 2 个特效，增加投影效果的氛围感。

步骤 12 ❶切换至"贴纸"功能区；❷在"线条风"选项卡中，单击所选贴纸右下角的"添加到轨道"按钮 ➕，如图 7-22 所示，为视频添加一个文字贴纸。

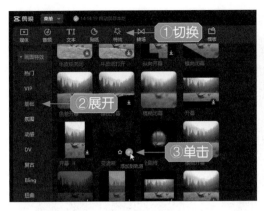

图 7-19

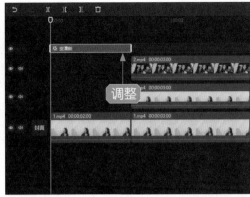

图 7-20

图 7-21

图 7-22

步骤 **13** 在"播放器"面板中调整贴纸的位置和大小，如图 7-23 所示。

步骤 **14** 拖曳时间轴至视频起始位置，❶切换至"音频"功能区；❷在"音乐素材"|"国风"选项卡中，单击相应音乐右下角的"添加到轨道"按钮 ，如图 7-24 所示，为视频添加一段背景音乐。

图 7-23

图 7-24

步骤 **15** ❶拖曳时间轴至 00:00:01:13 的位置;❷单击"向左裁剪"按钮，
如图 7-25 所示，即可将音频起始位置的空白片段进行分割并删除。

步骤 **16** 调整音频的位置，❶拖曳时间轴至视频结束位置;❷单击"向右裁剪"
按钮，如图 7-26 所示，删除多余的音频片段，完成视频的制作。

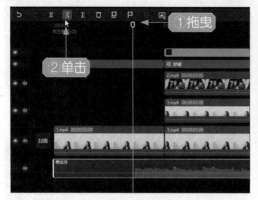
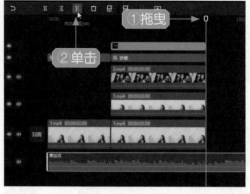

图 7-25 图 7-26

052 添加声音效果完成变声处理

【效果展示】:在剪映中，用户可以为视频添加
声音效果，从而对视频的音频进行变声处理，这样不
仅可以隐藏原声，还能让音频更加有趣，效果如图 7-27
所示。

扫码看教学视频 扫码看案例效果

傍晚悄悄来临 晚风缓缓吹过

图 7-27

下面介绍在剪映电脑版中添加声音效果完成变声处理的具体操作方法。

步骤 **01** 将素材添加到视频轨道中，如图 7-28 所示。

步骤 **02** 在"音频"操作区中，❶选中"音频降噪"复选框，对视频的音频进
行降噪处理;❷选中"声音效果"复选框，如图 7-29 所示，启用该功能。

步骤 **03** 单击"声音效果"中的下拉按钮，在弹出的列表框中选择"大叔"音色，

如图 7-30 所示，即可为视频添加"大叔"声音效果，进行变声。

步骤 04 用户还可以对变声的效果进行设置，如设置"音调"参数值为 70、"音色"参数值为 80，使变声效果更柔和，如图 7-31 所示。

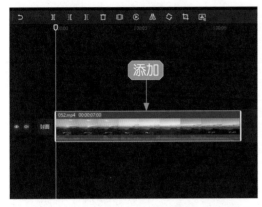

图 7-28

图 7-29

图 7-30

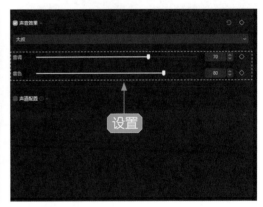

图 7-31

053 运用自动踩点功能制作抽帧卡点视频

【效果展示】：抽帧卡点的制作方法是根据音乐节奏有规律地删除视频片段，也就是抽掉一些视频帧，从而达到卡点的效果，而运用"自动踩点"功能可以快速地标记音频的节拍点，效果如图 7-32 所示。

扫码看教学视频

扫码看案例效果

下面介绍在剪映电脑版中运用"自动踩点"功能制作抽帧卡点视频的具体操作方法。

步骤 01 将素材添加到视频轨道中，在视频轨道的起始位置单击"关闭原声"按钮，如图 7-33 所示，将素材静音。

步骤 02 ❶切换至"音频"功能区；❷在"音乐素材"|"卡点"选项卡中，单击相应音乐右下角的"添加到轨道"按钮➕，如图 7-34 所示，添加一个卡点音乐。

图 7-32

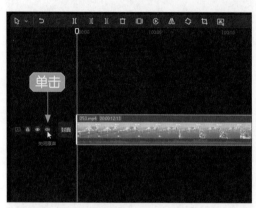

图 7-33

图 7-34

步骤 03 ❶拖曳时间轴至 00:00:03:16 的位置；❷单击"向左裁剪"按钮▐，如图 7-35 所示，即可删除前半段不需要的音频。

步骤 04 调整音频的位置，❶单击"自动踩点"按钮🗡；❷在弹出的列表框中选择"踩节拍Ⅱ"选项，如图 7-36 所示，即可标记音频的节拍点。

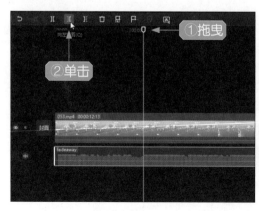

图 7-35

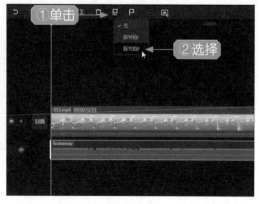

图 7-36

专家指点

　　剪映的"自动踩点"功能有"踩节拍Ⅰ"和"踩节拍Ⅱ"两种模式，一般来说，"踩节拍Ⅰ"模式生成的节拍点比"踩节拍Ⅱ"模式生成的节拍点更少、更精练，用户可以根据卡点的需求进行选择。

　　步骤 05 选择视频素材，❶拖曳时间轴至第 2 个节拍点的位置；❷单击"分割"按钮 ，如图 7-37 所示，对素材进行分割。

　　步骤 06 ❶拖曳时间轴至第 3 个节拍点的位置；❷单击"向左裁剪"按钮 ，如图 7-38 所示，即可完成第 1 段抽帧片段的制作。

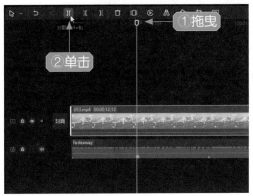

图 7-37

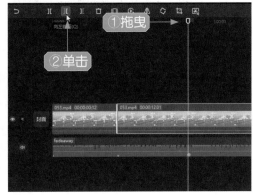

图 7-38

　　步骤 07 用同样的操作方法，制作其他的抽帧片段，如图 7-39 所示。

　　步骤 08 调整卡点音乐的时长，使其时长与视频的总时长一致，如图 7-40 所示。

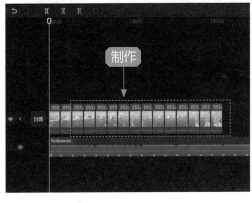

图 7-39

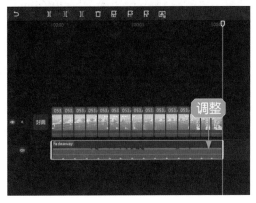

图 7-40

054 运用文本朗读功能进行 AI 配音

【效果展示】：使用剪映电脑版的"文本朗读"功能可以为文本内容进行 AI 配音，从而实现文本变语音的转化，提升观众的观看体验，效果如图 7-41 所示。

扫码看教学视频

扫码看案例效果

图 7-41

下面介绍在剪映电脑版中运用"文本朗读"功能进行 AI 配音的具体操作方法。

步骤 01 在"本地"选项卡中导入素材，单击视频素材右下角的"添加到轨道"按钮 ，如图 7-42 所示，即可将素材添加到视频轨道中。

步骤 02 拖曳时间轴至 00:00:00:15 的位置， ① 切换至"文本"功能区； ② 在"新建文本"选项卡中单击"默认文本"选项右下角的"添加到轨道"按钮 ，如图 7-43 所示，为视频添加一段文本。

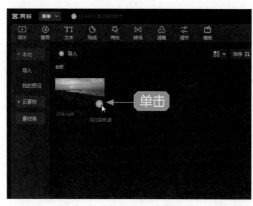 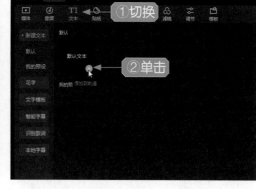

图 7-42   图 7-43

步骤 03 在"文本"操作区的"基础"选项卡中， ① 输入相应文字内容； ② 设置合适的字体； ③ 设置"字号"参数值为 10，如图 7-44 所示，缩小文本。

步骤 04 ① 切换至"花字"选项卡； ② 选择一个合适的花字样式，如图 7-45 所示。

步骤 05 ① 切换至"动画"操作区； ② 在"入场"选项卡中选择"逐字显影"动画，如图 7-46 所示。

步骤 06 ❶切换至"出场"选项卡；❷选择"模糊"动画，如图 7-47 所示，即可为文本添加入场和出场动画。

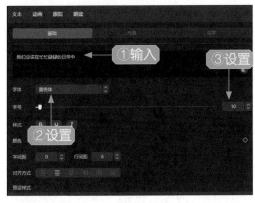

图 7-44

图 7-45

图 7-45

图 7-46

图 7-47

步骤 07 在"播放器"面板中调整文字的位置，如图 7-48 所示。

步骤 08 拖曳时间轴至文本的起始位置，依次按 Ctrl + C 组合键和 Ctrl + V 组合键，即可复制并粘贴一段文字，如图 7-49 所示。

图 7-48

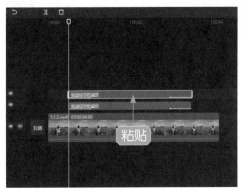

图 7-49

步骤 09 在"基础"选项卡中修改文本的内容，如图 7-50 所示。

步骤 10 同时选中两段文本，❶切换至"朗读"操作区；❷选择"亲切女声"音色；❸单击"开始朗读"按钮，如图 7-51 所示。

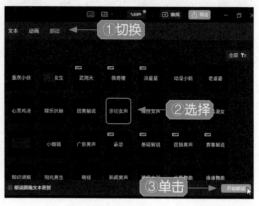

图 7-50　　　　　　　　　　　图 7-51

步骤 11 稍等片刻，即可生成对应的朗读音频，调整两段音频的位置，并根据音频的位置和时长调整两段文本的位置与时长，如图 7-52 所示。

步骤 12 拖曳时间轴至视频的起始位置，❶切换至"音频"功能区；❷展开"音乐素材"|"纯音乐"选项卡；❸单击相应音乐右下角的"添加到轨道"按钮██，如图 7-53 所示，为视频添加一段背景音乐。

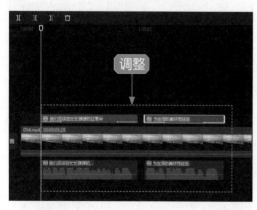
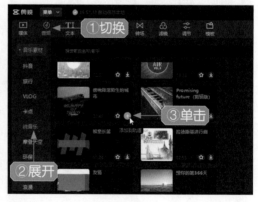

图 7-52　　　　　　　　　　　图 7-53

步骤 13 调整背景音乐的时长，使其与视频时长保持一致，如图 7-54 所示。

步骤 14 在"音频"操作区中，将背景音乐的"音量"参数设置为-10.0 dB，如图 7-55 所示，避免背景音乐干扰朗读音频。

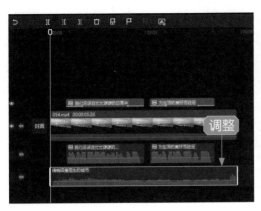
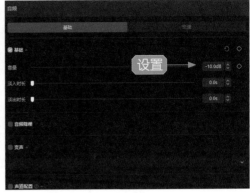

图 7-54   图 7-55

专家指点

当视频有两段或更多的音频时，用户最好通过音量调节来避免音频重叠部分互相干扰，以免影响视频的听感。一般来说，用户可以不调整或调高主音频的音量，并将其他音频的音量调低，从而达到突出主音频的目的。

055 运用识别歌词功能生成字幕

【效果展示】：使用剪映的"识别歌词"功能能够自动识别音频中的歌词内容，从而快速为背景音乐添加动态歌词，案例效果如图 7-56 所示。

扫码看教学视频

扫码看案例效果

图 7-56

下面介绍在剪映电脑版中运用"识别歌词"功能生成字幕的具体操作方法。

步骤 01 导入视频素材，在"文本"功能区中，❶切换至"识别歌词"选项卡；❷单击"开始识别"按钮，如图 7-57 所示。

步骤 02 稍等片刻，即可生成歌词文本，如图 7-58 所示。

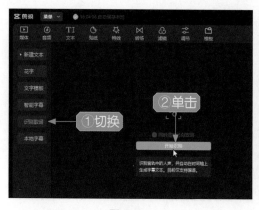

图 7-57

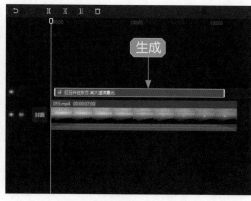

图 7-58

步骤 03 根据歌曲内容对文本进行分割，并调整相应的文本内容，如图 7-59 所示。

步骤 04 选择第 1 段文字，在"文本"操作区的"基础"选项卡中，❶设置合适的文字字体；❷设置"字号"参数值为 8，如图 7-60 所示，放大文本。

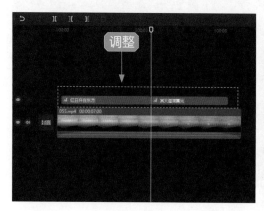

图 7-59

图 7-60

专家指点

运用"识别歌词"功能生成的文字不管有多少段，都会被视为一个整体，只要设置其中一段文字的位置、大小和文本属性，其他文字也会同步这些设置，从而为用户节省操作时间。但是，动画、朗读和关键帧的相关设置不会同步，用户如果有需要，只能对每段文字分别进行设置。运用"智能字幕"功能生成的文字也是同样的道理。

步骤 05 ❶切换至"花字"选项卡；❷选择合适的花字样式，如图 7-61 所示。

步骤 06 ❶切换至"动画"操作区；❷选择"爱心弹跳"入场动画；❸拖曳滑块，设置"动画时长"为最长，如图 7-62 所示。

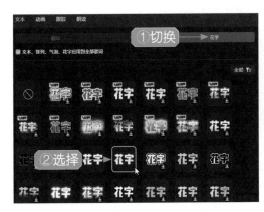

图 7-61

图 7-62

步骤 07 用同样的方法，**①** 为第 2 段文本添加"爱心弹跳"入场动画；**②** 设置"动画时长"为最长，如图 7-63 所示。

图 7-63

056 运用数字人工具生成口播视频

【效果展示】：使用剪映电脑版除了可以智能创

扫码看教学视频

扫码看案例效果

作文案,还提供了数字人工具,用户可以先选择合适的数字人形象,再借助AI生成文案,从而生成口播视频,案例效果如图 7-64 所示。

图 7-64

下面介绍在剪映电脑版中运用数字人工具生成口播视频的具体操作方法。

步骤 01 导入所有素材,❶切换至"文本"功能区;❷在"新建文本"选项卡中单击"默认文本"选项右下角的"添加到轨道"按钮 ➕,如图 7-65 所示,添加一段默认文本。

步骤 02 选择默认文本,❶切换至"数字人"操作区;❷选择合适的数字人形象,如图 7-66 所示。

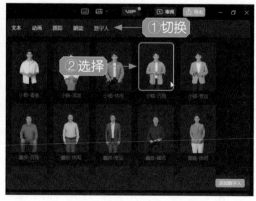

图 7-65   图 7-66

步骤 03 单击"添加数字人"按钮,即可根据文本内容生成一段数字人口播素材,在"文案"操作区中清空文本框，单击"智能文案"按钮，如图 7-67 所示。

步骤 04 在弹出的"智能文案"对话框中，❶选择"写口播文案"选项；❷在文本框中输入对文案的要求，如图 7-68 所示。

步骤 05 单击 按钮，即可开始生成文案，并显示生成进度，如图 7-69 所示。

步骤 06 生成结束后，用户可以单击"上一个"或"下一个"按钮查看和选择喜欢的文案，单击文案右下角的"确认"按钮，如图 7-70 所示，即可将其添加到"文案"操作区的文本框中。

图 7-67

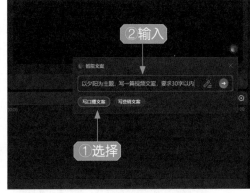

图 7-68

图 7-69

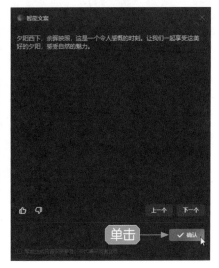

图 7-70

步骤 07 在"文案"操作区单击"确认"按钮，如图 7-71 所示，即可重新生成对应的数字人口播素材。

步骤 08 ❶选择默认文本；❷单击"删除"按钮，如图 7-72 所示，将其删除。

步骤 09 ❶切换至"智能字幕"选项卡；❷单击"识别字幕"中的"开始识别"按钮，如图 7-73 所示，即可生成对应的文本。

步骤 10 选择第 1 段文本，在"字幕"操作区中将其拆分成两段，如图 7-74 所示。

| 图 7-71 | 图 7-72 |

 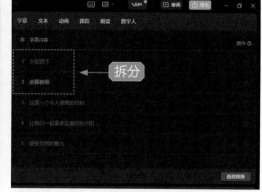

| 图 7-73 | 图 7-74 |

步骤 11 同时选择所有文本，在"文本"操作区中，❶设置一个合适的字体；❷设置一个好看的预设样式，如图 7-75 所示，对字幕进行美化。

步骤 12 在"基础"选项卡的"位置大小"选项区中，设置"位置"选项的 Y 参数值为 -781，如图 7-76 所示，调整字幕的位置。

步骤 13 选择数字人素材，❶切换至"画面"操作区的"蒙版"选项卡；❷选择"圆形"蒙版；❸设置"位置"选项的 X 参数值为 3、Y 参数值为 360，"大小"选项的"长"参数值为 633、"宽"参数值为 630，如图 7-77 所示，为数字人素材添加一个圆形蒙版，并调整蒙版的位置和大小，使数字人肩膀以上的部分单独显示。

步骤 14 ❶切换至"背景"选项卡；❷选中"背景"复选框；❸在"颜色"选项区中选择白色色块，如图 7-78 所示，为数字人添加一个白色背景。

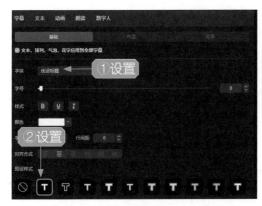

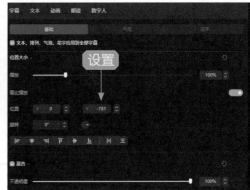

图 7-75

图 7-76

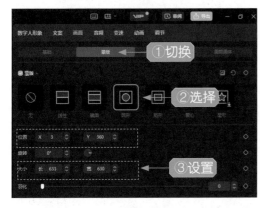

图 7-77

图 7-78

步骤 15 ❶切换至"基础"选项卡；❷设置"位置"选项的 X 参数值为 1490、Y 参数值为 -1080，如图 7-79 所示，调整数字人的位置，使其位于画面的右下角。

步骤 16 在轨道中调整数字人素材的位置，使其起始位置与第 1 段文本的起始位置对齐，如图 7-80 所示。

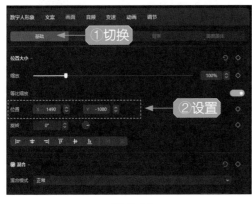

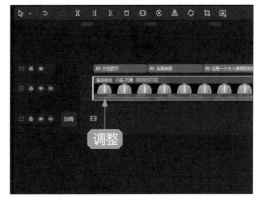

图 7-79

图 7-80

步骤 17 将视频素材和背景音乐导入轨道中，如图 7-81 所示。

步骤 18 单击字幕轨道起始位置的"锁定轨道"按钮 🔒，如图 7-82 所示，将轨道锁定。

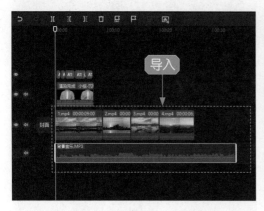

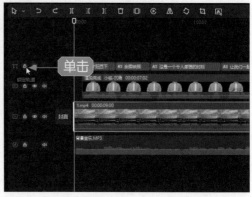

图 7-81 | 图 7-82

步骤 19 调整视频素材和背景音乐的时长，如图 7-83 所示。

步骤 20 拖曳时间轴至数字人素材的结束位置，❶切换至"特效"功能区；❷在"画面特效"|"基础"选项卡中单击"全剧终"特效右下角的"添加到轨道"按钮 ⊕，如图 7-84 所示。

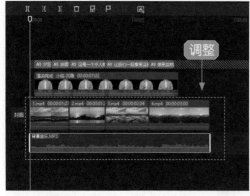

图 7-83 | 图 7-84

步骤 21 执行操作后，即可为视频添加一个闭幕特效，调整特效的时长，如图 7-85 所示。

步骤 22 选择背景音乐，在"基础"操作区中设置"音量"参数值为 −20.0 dB，如图 7-86 所示，降低背景音乐的音量，完成视频的制作。

图 7-85   图 7-86

第**8**章

其他软件：快速生成 AI 短视频

学习提示

　　除了剪映，还有很多网站和软件可以进行 AI 短视频的生成。本章介绍腾讯智影、一帧秒创、必剪 App、快影 App、美图秀秀 App、不咕剪辑 App 和 Runway 这 7 个视频生成工具的使用方法，为用户提供更多选择。

本章重点导航

- ◈ 运用腾讯智影进行文本生视频
- ◈ 运用一帧秒创进行文本生视频
- ◈ 运用必剪 App 进行图片生视频
- ◈ 运用快影 App 进行图片生视频
- ◈ 运用美图秀秀 App 进行视频生视频
- ◈ 运用不咕剪辑 App 进行视频生视频
- ◈ 运用 Runway 生成 AI 短视频

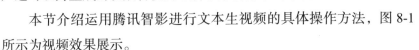

8.1 运用腾讯智影进行文本生视频

腾讯智影为了满足用户的创作需求，提供了"文章转视频"功能，帮助用户快速生成视频。用户可以先使用 ChatGPT 生成视频文案，再将生成的文案复制并粘贴至"文章转视频"页面的文本框中，进行生成。此外，用户还可以为生成的视频替换腾讯智影素材库中的素材。

扫码看教学视频

本节介绍运用腾讯智影进行文本生视频的具体操作方法，图 8-1 所示为视频效果展示。

图 8-1

057 让 ChatGPT 根据关键词生成文案

扫码看教学视频

在使用 ChatGPT 生成视频文案时，用户可以先试探 ChatGPT 对关键词的了解程度，再让 ChatGPT 根据关键词生成对应的文案，具体操作方法如下。

步骤 01 打开 ChatGPT 的聊天窗口，单击底部的输入框，在其中输入"你了解北极熊吗？"，按 Enter 键，即可获得 ChatGPT 的回复，如图 8-2 所示。

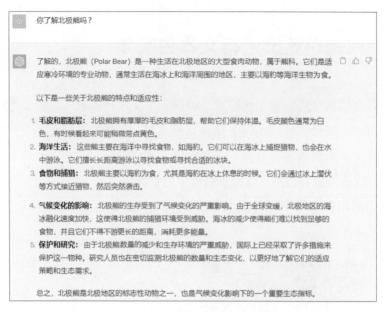

图 8-2

步骤 02 在下方输入"以'北极熊'为主题，创作一篇短视频文案，60 字以内"，
按 Enter 键，ChatGPT 即可根据该要求生成一篇文案，如图 8-3 所示。

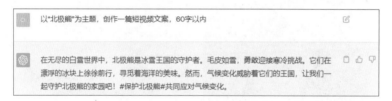

图 8-3

步骤 03 到这里，ChatGPT 的工作就完成了，选择 ChatGPT 回复的文案内容，
在文案上单击鼠标右键，在弹出的快捷菜单中选择"复制"选项，如图 8-4 所示，复
制 ChatGPT 生成的文案内容，并进行适当的调整。

图 8-4

058 运用文章转视频功能生成视频

用户将 ChatGPT 创作的文案粘贴至腾讯智影的相应文本框中，单

扫码看教学视频

击"生成视频"按钮，稍等片刻，即可完成视频的制作。下面介绍在腾讯智影中运用"文章转视频"功能生成视频的具体操作方法。

步骤 01 登录并进入腾讯智影的"创作空间"页面，在"智能小工具"板块中单击"文章转视频"按钮，如图 8-5 所示。

图 8-5

步骤 02 进入"文章转视频"页面，在文档中复制调整好的文案内容，在文本框的空白位置单击鼠标右键，在弹出的快捷菜单中选择"粘贴"选项，如图 8-6 所示，即可将复制的文案粘贴至文本框中。

图 8-6

步骤 03 在"文章转视频"页面中，系统会自动设置视频的成片类型、视频比例、背景音乐、数字人播报和朗读音色，如果不需要调整，可以单击页面右下角的"生成视频"按钮，如图 8-7 所示，即可开始生成视频。

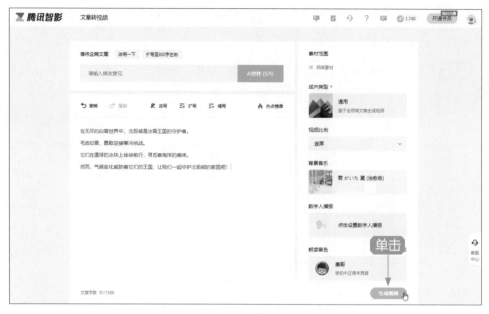

图 8-7

步骤 04 稍等片刻，即可进入视频编辑页面，查看视频效果，如图 8-8 所示。

图 8-8

059 为视频替换素材库中的素材

视频生成后，用户可以对其中一些不那么美观或扣题的素材进行

扫码看教学视频

替换。腾讯智影有丰富的素材库资源，用户可以在线搜索和替换素材。下面介绍在腾讯智影中为视频替换素材库中素材的具体操作方法。

步骤 01 将鼠标移至第 2 段素材上，单击"替换素材"按钮，如图 8-9 所示。

图 8-9

步骤 02 弹出"替换素材"对话框，❶切换至"图片"|"萌宠"选项卡；❷在搜索框中输入"北极熊"，如图 8-10 所示，按 Enter 键确认，即可搜索与北极熊相关的图片素材。

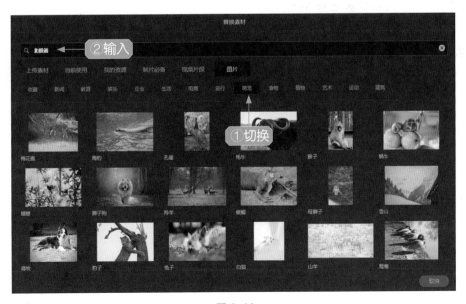

图 8-10

步骤 03 在搜索结果中，选择一张图片素材，如图 8-11 所示。

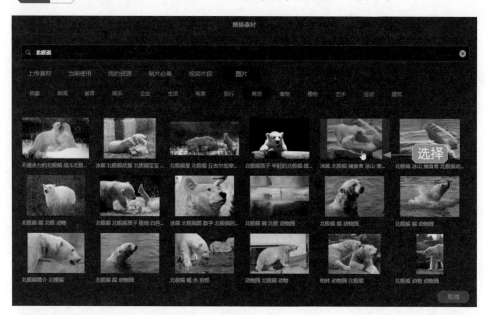

图 8-11

步骤 04 执行操作后，预览替换效果，单击"替换"按钮，如图 8-12 所示，即可完成替换。

步骤 05 用同样的方法，完成其他素材的替换，然后在页面右上角单击"合成"按钮，如图 8-13 所示。

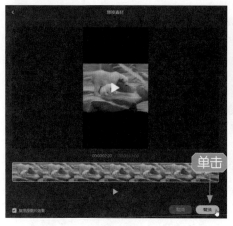

图 8-12

图 8-13

步骤 06 在弹出的"合成设置"对话框中单击"合成"按钮，如图 8-14 所示。

步骤 07 执行操作后，进入"我的资源"页面，视频缩略图上会显示合成进度，合成结束后，将鼠标移至视频缩略图上，单击 按钮，如图 8-15 所示。

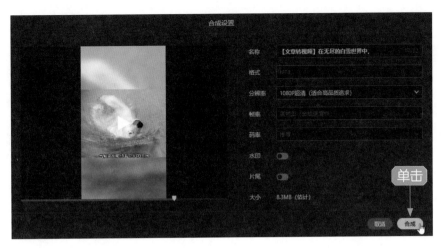

图 8-14

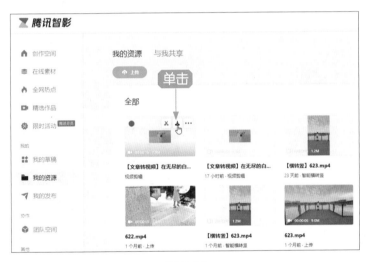

图 8-15

步骤 08 弹出"新建下载任务"对话框，❶设置视频的名称和保存位置；❷单击"下载"按钮，如图 8-16 所示，即可将视频下载到本地文件夹中。

图 8-16

8.2 运用一帧秒创进行文本生视频

在一帧秒创中，用户可以先用 ChatGPT 生成对应的文案，再运用"图文转视频"功能生成视频。另外，如果用户对视频效果有自己的想法，还可以对视频素材进行替换，让视频更符合用户的需求。

扫码看教学视频

本节介绍运用一帧秒创进行文本生视频的具体操作方法，图 8-17 所示为视频效果展示。

图 8-17

060 让 ChatGPT 根据要求生成文案

扫码看教学视频

在生成视频文案时，用户需要将自己对文案的要求描述清楚，以便 ChatGPT 更好地理解并生成相关文案，具体操作方法如下。

步骤 01 打开 ChatGPT 的聊天窗口，单击底部的输入框，在其中输入"以城市桥梁的作用为主题，创作一篇短视频文案，要求体现具体用途，50字以内"，按 Enter 键，即可获得视频文案，如图 8-18 所示。

图 8-18

步骤 02 到这里，ChatGPT 的工作就完成了，选择 ChatGPT 回复的文案内容，在文案上单击鼠标右键，在弹出的快捷菜单中选择"复制"选项，如图 8-19 所示，复制 ChatGPT 生成的文案内容，并进行适当的调整。

图 8-19

061 运用图文转视频功能生成视频

扫码看教学视频

用户获得文案后，就可以借助"图文转视频"功能生成视频了。下面介绍在一帧秒创中运用"图文转视频"功能生成视频的具体操作方法。

步骤 01 登录并进入"一帧秒创"首页，单击"图文转视频"按钮，如图 8-20 所示。

图 8-20

步骤 02 执行操作后，进入"图文转视频"页面，在文档中复制调整好的文案内容，❶ 按 Ctrl ＋ V 组合键将文案粘贴在文本框中；❷ 单击"下一步"按钮，如图 8-21 所示。

图 8-21

步骤 03 执行操作后，进入"编辑文稿"页面，系统会自动对文案进行分段，在生成视频时，每一段文案对应一段素材，如果用户不需要调整，则单击"下一步"按钮，如图 8-22 所示，即可开始生成视频。

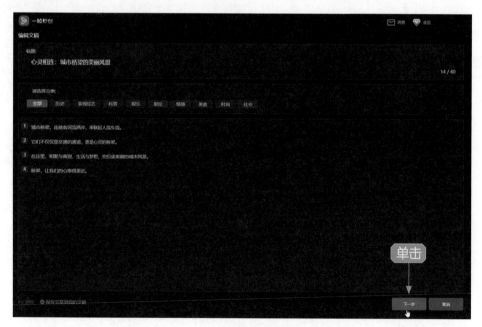

图 8-22

步骤 04 稍等片刻，即可进入"创作空间"页面，查看生成的视频效果，如图 8-23所示。

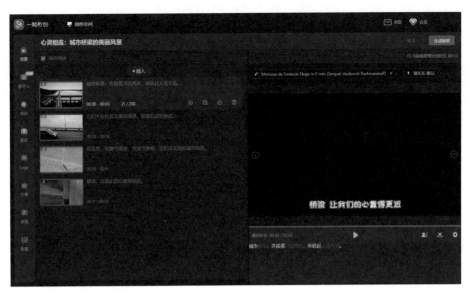

图 8-23

062 上传本地素材并进行替换

扫码看教学视频

如果用户想让生成的视频更具独特性，可以用自己的素材进行替换，从而获得独一无二的视频效果。下面介绍在一帧秒创中上传本地素材并进行替换的具体操作方法。

步骤 01 将鼠标移至第 1 段素材上，在右下角显示的工具栏中单击"替换素材"按钮，如图 8-24 所示。

图 8-24

步骤 02 执行操作后，弹出相应对话框，用户可以选择在线素材、账号上传的素材、AI 作画的效果、其他来源的素材、最近使用的素材或收藏的素材进行替换。❶切换至"我的素材"选项卡；❷单击右上角的"本地上传"按钮，如图 8-25 所示。

图 8-25

步骤 03 执行操作后，弹出"打开"对话框，❶选择要上传的素材；❷单击"打开"按钮，如图 8-26 所示，返回"我的素材"选项卡，稍等片刻，即可完成上传。

图 8-26

步骤 04 ❶在"我的素材"选项卡中选择上传的素材，即可在右侧预览素材效果；❷单击"使用"按钮，如图 8-27 所示，完成素材的替换。

图 8-27

步骤 05 用同样的方法，上传其余的素材，并依次进行替换，如图 8-28 所示。

图 8-28

步骤 06 除了替换素材，用户还可以对视频的音乐、配音和字幕等内容进行调整和添加。如果不需要调整，则单击页面右上角的"生成视频"按钮，进入"生成视频"页面，单击"确定"按钮，如图 8-29 所示，跳转至"我的作品"页面，开始合成视频，合成结束后，即可查看视频效果。

专家指点

用户在使用"图文转视频"功能生成视频时，即便是使用相同的文案，也可能生成不同的视频效果，如匹配的素材、生成的字幕样式或添加的背景音乐等不一样。用户可以单独对其进行修改，也可以直接使用 AI 生成的内容，并不会影响后续视频的导出。

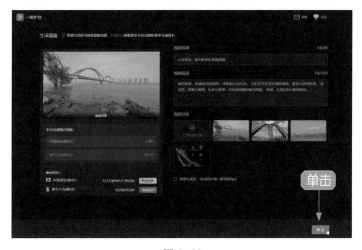

图 8-29

8.3 运用必剪 App 进行图片生视频

必剪 App 功能全面，既有基础的剪辑工具能满足用户的使用需求，又有实用的特色功能可以自动生成好看的视频效果。本节主要介绍利用必剪 App 的"一键大片"功能和"模板"功能进行图片生视频的具体操作方法。

063 运用一键大片功能生成视频

【效果展示】：使用必剪 App 的"一键大片"功能可以快速将图片素材包装成视频，用户只需要选择喜欢的模板即可，本案例效果如图 8-30 所示。

扫码看教学视频

扫码看案例效果

图 8-30

下面介绍在必剪 App 中运用"一键大片"功能生成视频的具体操作方法。

步骤 01 在必剪 App 首页点击"开始创作"按钮，如图 8-31 所示。

步骤 02 进入"最近项目"界面，❶选择 3 张图片素材；❷点击"下一步"按钮，如图 8-32 所示。

步骤 03 执行操作后，即可将图片素材导入视频轨道中，在工具栏中点击"一键大片"按钮，如图 8-33 所示。

步骤 04 弹出"一键大片"面板，在 VLOG（video blog 或 video log，意思是视频博客、视频网络日志）选项卡中选择"旅行大片"选项，如图 8-34 所示，即可将素材包装成视频。

步骤 05 包装完成后，点击界面右上角的"导出"按钮，如图 8-35 所示，将视频导出即可。

图 8-31

图 8-32

图 8-33

图 8-34

图 8-35

064 使用搜索的模板生成视频

【效果展示】：如果用户有喜欢的模板，可以直

扫码看教学视频

扫码看案例效果

接在"模板"界面中搜索，这样就能节省用户盲目寻找模板的时间，本案例效果如图 8-36 所示。

图 8-36

下面介绍在必剪 App 中使用搜索的模板生成视频的具体操作方法。

步骤 01 ①在"模板"界面的搜索框中输入模板关键词；②点击"搜索"按钮，如图 8-37 所示。

步骤 02 在搜索结果中选择相应的视频模板，如图 8-38 所示。

步骤 03 进入模板预览界面，查看模板效果，点击"剪同款"按钮，如图 8-39 所示。

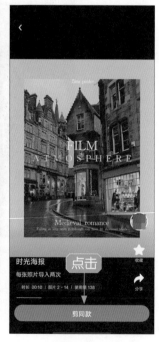

图 8-37　　　　　　　　图 8-38　　　　　　　　图 8-39

步骤 04 进入"最近项目"界面，❶选择 7 张图片素材；❷点击"下一步"按钮，如图 8-40 所示，即可开始生成视频。

步骤 05 生成视频后，跳转至相应界面，预览视频效果，确认无误后，点击"导出"按钮，如图 8-41 所示，即可将视频导出。

图 8-40　　　　　图 8-41

8.4 运用快影 App 进行图片生视频

快影 App 是快手旗下的视频编辑软件，用户可以借助它的 AI 功能快速用图片生成趣味性十足的视频，还可以一键分享至快手平台，收获更多的关注。本节主要介绍在快影 App 中运用"一键出片"和"剪同款"功能进行图片生视频的具体操作方法。

065 运用一键出片功能生成卡点视频

【效果展示】：使用快影 App 的"一键出片"功能会根据用户提供的素材智能匹配模板，用户在提供的模板中选择喜欢的即可，本案例效果如图 8-42 所示。

扫码看教学视频　　扫码看案例效果

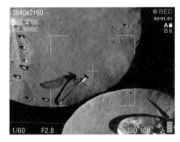

图 8-42

下面介绍在快影 App 中运用"一键出片"功能生成卡点视频的具体操作方法。

步骤 01 在"剪辑"界面中点击"一键出片"按钮,如图 8-43 所示。

步骤 02 进入"相册"界面, ❶ 在"照片"选项卡中选择相应的素材; ❷ 点击"一键出片"按钮,如图 8-44 所示,即可开始智能生成视频。

图 8-43

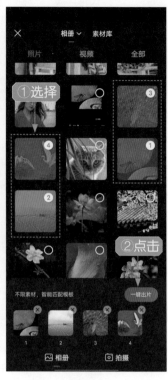

图 8-44

图 8-45

图 8-46

步骤 03 稍等片刻,进入相应界面,用户可以在"模板"选项卡中选择喜欢的模板,如选择一个卡点视频模板,如图 8-45 所示,预览视频效果。

步骤 04 ❶ 点击界面右上角的"做好了"按钮; ❷ 在弹出的"导出选项"对话框中点击"无水印导出并分享"按钮,如图 8-46 所示,即可导出无水印的视频效果。

066 运用剪同款功能生成拍立得视频

【效果展示】：快影 App 的"剪同款"功能为用户提供了许多热门的视频模板，用户可以根据喜好搜索模板制作同款视频，本案例效果如图 8-47 所示。

扫码看教学视频　扫码看案例效果

图 8-47

下面介绍在快影 App 中运用"剪同款"功能生成拍立得视频的具体操作方法。

步骤 01 在"剪同款"界面搜索"温柔拍立得"模板，在搜索结果中选择相应的模板，进入模板预览界面，点击"制作同款"按钮，如图 8-48 所示。

步骤 02 执行操作后，进入"相册"界面，❶选择两张图片素材；❷点击"选好了"按钮，如图 8-49 所示，即可开始生成视频。

图 8-48　　　　　　　　图 8-49

步骤 03 稍等片刻，进入模板编辑界面，用户可以对素材、音乐、文字和封面等内容进行编辑，如果对视频效果感到满意，则点击界面右上角的"做好了"按钮，如图 8-50 所示。

步骤 04 在弹出的"导出选项"对话框中点击"无水印导出并分享"按钮，如图 8-51 所示，即可导出无水印的视频。

图 8-50　　　　　　图 8-51

8.5　运用美图秀秀 App 进行视频生视频

美图秀秀 App 作为一个强大的图像处理软件，除了能帮助用户轻松完成图片编辑，还提供了实用的视频编辑功能。其中，"一键大片"和"视频配方"功能可以满足用户 AI 视频创作的需求，用户只需完成导入素材和选择模板这两步，AI 就会自动完成模板的套用，生成新视频。

067 运用一键大片功能快速包装视频

【效果展示】：用户将素材导入视频轨道后，可以在"一键大片"面板中选择合适的模板，AI 会自动将素材包装成一个完整的视频，本案例的效果如图 8-52 所示。

扫码看教学视频

扫码看案例效果

图 8-52

下面介绍在美图秀秀 App 中运用"一键大片"功能快速包装视频的具体操作方法。

步骤 01 打开美图秀秀 App，在首页点击"视频剪辑"按钮，如图 8-53 所示。

步骤 02 进入"图片视频"界面，❶选择相应的视频素材；❷点击"开始编辑"按钮，如图 8-54 所示，即可进入"视频剪辑"界面，并将素材导入视频轨道。

图 8-53

图 8-54

图 8-55

图 8-56

步骤 03 在界面下方的工具栏中点击"一键大片"按钮，如图 8-55 所示。

步骤 04 弹出"一键大片"面板，选择喜欢的模板，如图 8-56 所示，即可完成素材的包装。

专家指点

"一键大片"面板每次推荐的视频模板都是不同的，如果用户想查看之前使用的模板，可以切换至"最近"选项卡；如果用户想收藏模板，只需长按模板即可。

068 运用视频配方功能生成视频

【效果展示】：在"视频配方"界面中，用户可以先选择喜欢的视频模板，再在"图片视频"界面中添加素材，从而生成视频，本案例效果如图8-57所示。

扫码看教学视频

扫码看案例效果

图 8-57

图 8-58

图 8-59

下面介绍在美图秀秀App中运用"视频配方"功能生成视频的具体操作方法。

步骤 01 打开美图秀秀App，在首页点击"视频剪辑"按钮，如图8-58所示。

步骤 02 进入"图片视频"界面，❶点击"视频配方"按钮，切换至相应界面；❷在"电影风"选项卡中选择喜欢的模板，如图8-59所示。

步骤 03 进入模板预览界面，查看模板效果，点击界面右下角的"使用配方"按钮，如图 8-60 所示。

步骤 04 进入"图片视频"界面，❶选择相应的素材；❷点击"选好了"按钮，如图 8-61 所示，即可开始生成视频。

步骤 05 生成结束后，进入效果预览界面，查看套用模板后生成的视频效果，点击界面右上角的"保存"按钮，如图 8-62 所示，即可将视频成品保存到相册中。

图 8-60

图 8-61

图 8-62

8.6 运用不咕剪辑 App 进行视频生视频

不咕剪辑 App 除了拥有 AI 抠像、全轨道剪辑和文字快剪等特色功能，它的"视频模板"和"素材库"功能还可以满足用户一键完成视频生视频的需求，并支持对生成的视频进行自定义编辑，让视频效果更独特。

📖 069 运用视频模板功能生成旅行 Vlog

【效果展示】：在"视频模板"界面中，不咕剪

扫码看教学视频

扫码看案例效果

辑 App 提供了 20 多种不同类型的模板，基本能够满足用户的生活和工作需求，用户选择好模板后，添加对应数量和时长的素材，即可生成同款视频，本案例效果如图 8-63 所示。

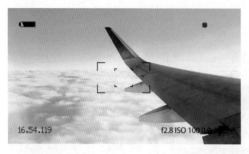

图 8-63

下面介绍在不咕剪辑 App 中运用"视频模板"功能生成旅行 Vlog 的具体操作方法。

步骤 01 打开不咕剪辑 App，在"剪辑"界面中点击"视频模板"按钮，如图 8-64 所示。

步骤 02 执行操作后，进入"视频模板"界面，在 Vlog 选项卡中选择合适的模板，如图 8-65 所示。

图 8-64   图 8-65

步骤 03 进入模板预览界面，查看模板效果，点击界面下方的"使用模板"按钮，如图 8-66 所示。

步骤 04 进入"相册"界面，❶ 选择视频素材；❷ 点击"下一步"按钮，如图 8-67 所示，即可开始生成视频。

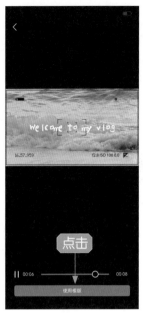

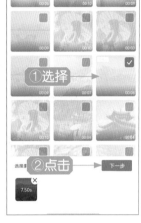

图 8-66　　　　　　　　　　　图 8-67

步骤 05 生成结束后，进入"使用模板"界面，查看生成的视频效果，点击要修改的文本，如图 8-68 所示。

步骤 06 弹出文本框，❶ 修改文字内容；❷ 点击"确定"按钮，如图 8-69 所示。

步骤 07 修改完成后，点击"导出视频"按钮，如图 8-70 所示，将视频导出即可。

图 8-68　　　　　　　　　　图 8-69　　　　　　　　　　图 8-70

070 运用素材库功能生成古风视频

【效果展示】：在"素材库"界面中，不咕剪辑 App 为用户提供了海量的素材和模板，用户既可以将模板当作素材添加到轨道中进行编辑，又可以为视频素材套用模板生成唯美的视频，本案例效果如图 8-71 所示。

扫码看教学视频　　扫码看案例效果

图 8-71

下面介绍在不咕剪辑 App 中运用"素材库"功能生成古风视频的具体操作方法。

步骤 01 打开不咕剪辑 App，❶切换至"素材库"界面；❷在"素材库" | "片头"选项卡的"古风"选项区中，选择相应的模板，如图 8-72 所示。

步骤 02 进入模板预览界面，查看模板效果，点击界面右下角的"使用模板"按钮，如图 8-73 所示。

步骤 03 进入"相册"界面，❶选择相应的视频素材；❷点击"下一步"按钮，如图 8-74 所示，即可开始生成视频。

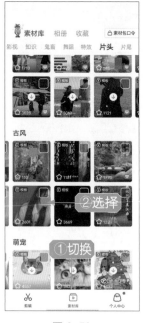

图 8-72　　　　　图 8-73　　　　　图 8-74

步骤 04 生成结束后，进入"使用模板"界面，用户可以预览视频效果，并对视频片段和文字进行修改，如点击要修改的文字，如图 8-75 所示。

步骤 05 弹出文本框，❶ 修改文字内容；❷ 点击"确定"按钮，如图 8-76 所示，完成对文字的修改，最后将视频导出即可。

图 8-75   图 8-76

8.7 运用 Runway 生成 AI 短视频

Runway（跑道）是一个在线的 AI 短视频创作工具，可以帮助用户轻松生成有创意的视频效果。借助 Runway，用户可以进行文字转图像、文字转视频、图像转图像、图像转视频和人物抠像等操作。本节介绍运用 Runway 进行文本生视频和图片生视频的具体操作方法。

071 输入文本生成视频

扫码看教学视频

扫码看案例效果

【效果展示】：用户只需要提供一段描述视频内容的文本，即可生成对应的视频，本案例效果如图 8-77 所示。

图 8-77

下面介绍在 Runway 中输入文本生成视频的具体操作方法。

步骤 01 登录并进入 Runway 的 Home（家）页面，单击 Text to Video（文本转视频）按钮，如图 8-78 所示。

图 8-78

步骤 02 执行操作后，进入 Text / Image to Video（文本 / 图像转视频）页面，❶在 TEXT（文本）下方的输入框中输入相应文本；❷单击 Free Preview（免费预览）按钮，如图 8-79 所示。

步骤 03 弹出 Previews（预览）板块，查看生成的 4 张静态预览图，选择一张喜欢的静态预览图，在图上单击 Generate this（生成这个）按钮，如图 8-80 所示。

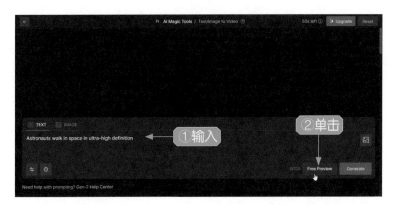

图 8-79

图 8-80

步骤 04 执行操作后，开始生成视频，在 Gen-2 video（第 2 代视频）板块中可以查看视频的生成进度，如图 8-81 所示，生成结束后，即可预览视频效果。

图 8-81

专家指点

在 Runway 中，用户通过文本和图片生成的视频是没有背景音乐的，为了让观众的观看体验更佳，用户可以用剪映为视频添加背景音乐，具体的操作方法已在第 6 章介绍过。

072 上传图片生成视频

【效果展示】：使用图像生成视频的操作方法与使用文本生成视频的操作方法非常相似，用户只需上传一张图片，即可生成动态的视频效果，如图 8-82 所示。

扫码看教学视频

扫码看案例效果

图 8-82

下面介绍在 Runway 中上传图片生成视频的具体操作方法。

步骤 **01** 在 Home 页面中单击 Image to Video（图像转视频）按钮，进入 Text / Image to Video（文本 / 图像转视频）页面，在 IMAGE（图像）选项卡中，单击 upload a file（上传一个文件）超链接，如图 8-83 所示。

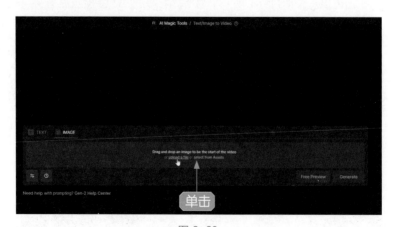

图 8-83

步骤 **02** 执行操作后，弹出"打开"对话框，❶选择要上传的图片；❷单击"打开"按钮，如图 8-84 所示，即可上传图片。

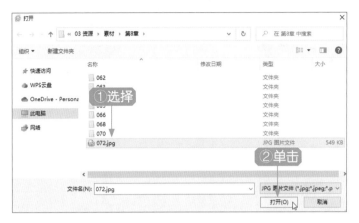

图 8-84

步骤 03 在 IMAGE（图像）选项卡中，单击 Generate（生成）按钮，如图 8-85 所示。

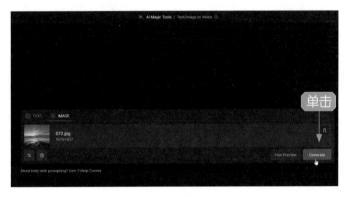

图 8-85

步骤 04 执行操作后，开始生成相应的视频，并显示生成进度，如图 8-86 所示，生成结束后，即可预览视频效果。

图 8-86

第9章

AI + 电商广告：一键生成商业短视频

学习提示

通过深度学习和计算机视觉算法，AI 能够快速处理大量素材，并根据预设的规则和样式生成令人惊艳的视频效果。本章介绍使用剪映、KreadoAI 和 FlexClip 生成商业短视频的具体操作方法。

本章重点导航

- ◈ 使用剪映制作餐厅新品宣传视频
- ◈ 使用 KreadoAI 制作电商口播视频
- ◈ 使用 FlexClip 制作商品推荐视频

9.1　使用剪映制作餐厅新品宣传视频

扫码看案例效果

剪映的"模板"功能提供了非常丰富的模板种类，用户可以利用它们生成所需的电商短视频。另外，视频生成后，用户还可以用自己准备的图片素材进行替换，并修改相关的文本内容，让视频更贴合需求。

本节以制作一个宣传西餐厅新菜品的短视频为例，介绍用ChatGPT生成绘画指令、用Midjourney绘制图片素材和用模板功能生成宣传视频的具体操作方法。图9-1所示为视频效果展示。

图 9-1

📖 073　用 ChatGPT 生成绘画指令

扫码看教学视频

在用 Midjourney 绘制图片素材前，用户需要准备好绘画指令（即关键词），而 ChatGPT 就能完成这项工作。但是，在生成指令的过程中，用户要将画面的主体内容讲清楚，告诉 ChatGPT 需要画一个什么样的东西。下面以生成第 1 张图片的绘画指令为例，介绍具体的操作方法。

步骤 01 在 ChatGPT 的输入框中输入"请你充当 AI 绘画师，提供一道鹅肝菜品的 AI 绘画指令示例，50 字以内"，单击发送按钮▶，稍等片刻后，ChatGPT 会给出鹅肝菜品的指令示例，如图 9-2 所示。

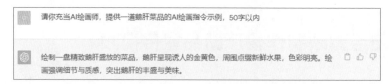

图 9-2

步骤 02 在 ChatGPT 的输入框中输入"请将上述 AI 绘画指令示例翻译为英文"，ChatGPT 会按照要求给出英文翻译，如图 9-3 所示。用户在确认 ChatGPT 的翻译无误后，即可将其复制并粘贴至 Midjourney 中作为绘画指令备用。

图 9-3

074 用 Midjourney 绘制图片素材

扫码看教学视频

当我们在 ChatGPT 中生成相应的绘画指令以后，接下来可以在 Midjourney 中绘制我们需要的图片效果。下面以生成第 1 张图片素材为例，介绍具体的操作方法。

步骤 01 在 Midjourney 中通过 imagine 指令输入相应指令，按 Enter 键确认，Midjourney 将生成 4 张对应的鹅肝菜品图片，如图 9-4 所示。

步骤 02 在生成的 4 张图片中，选择其中最合适的第 3 张图片，单击 U3 按钮，Midjourney 将在第 3 张图片的基础上进行更加精细的刻画，并放大图片效果，如图 9-5 所示。

图 9-4

图 9-5

075 用模板功能生成宣传视频

扫码看教学视频

使用剪映的"模板"功能，可以快速生成各种类型的视频效果，而且用户可以自行替换模板中的素材，轻松地编辑和分享宣传视频。下面介绍用"模板"功能生成宣传视频的具体操作方法。

步骤 01 在"模板"面板中，❶搜索"餐厅新品宣传"模板；❷在搜索结果中选择合适的模板，如图 9-6 所示。

图 9-6

> **专家指点**
>
> 使用模板可以确保视频在视觉风格和餐厅形象上的统一性，增强餐厅的识别度和专业形象，从而顺利达到宣传的效果。

步骤 02 执行操作后，预览模板效果，单击"使用模板"按钮，如图 9-7 所示，即可进入模板编辑界面。

步骤 03 在视频轨道中单击第 1 段素材缩略图中的➕按钮，如图 9-8 所示。

步骤 04 弹出"请选择媒体资源"对话框，选择相应的图片素材，如图 9-9 所示。

步骤 05 单击"打开"按钮，即可将该图片素材添加到视频片段中，如图 9-10 所示，生成第 1 个片段的效果。

步骤 06 用同样的操作方法，导入其他图片素材，如图 9-11 所示。

步骤 07 在"文本"操作区中，根据需求对前 5 段文本进行适当的修改，使文本与图片更匹配，如图 9-12 所示，即可完成视频的制作。

图 9-7

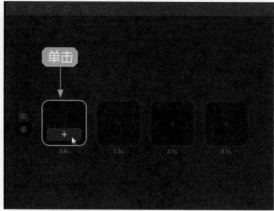

图 9-8

图 9-9

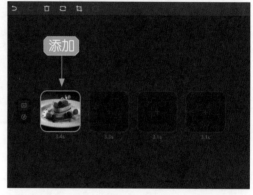

图 9-10

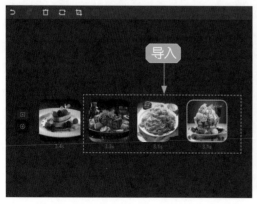

图 9-11

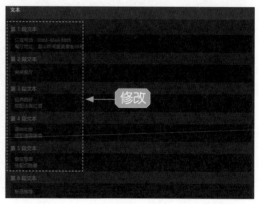

图 9-12

9.2 使用 KreadoAI 制作电商口播视频

扫码看教学视频

KreadoAI 是一个专注于多语言 AI 视频创作的工具，用户只需简单输入文本或关键词，就能创作令人惊叹的视频效果。不论是真实人物还是虚拟角色，KreadoAI 都能够通过 AI 技术将其形象栩栩如生地呈现在视频中。

本节以一个发夹口播带货视频为例，介绍使用 KreadoAI 制作电商口播视频的具体操作方法。图 9-13 所示为本案例的视频效果展示。

图 9-13

📖 076 使用 AI 生成文案和配音

扫码看教学视频

KreadoAI 的"AI 文本配音"功能主要利用人工智能的语音合成能力，将文字转换为自然流畅的语音。这项功能能够以多种声音风格和语言进行配音，使文本内容变得生动、有趣，同时也节省了人工录制的时间和成本。

不论是电商广告、教育培训还是电子书籍，使用"AI 文本配音"功能都能为用户提供极大的便利，让他们能够快速生成高质量的声音文件。这种人工智能技术的应用不仅提升了内容的可访问性，也为各行业的创作和传播带来了全新的可能性。下面介绍在 KreadoAI 中使用 AI 生成文案和配音的具体操作方法。

步骤 01 登录并进入 KreadoAI 首页，单击"免费试用"按钮，如图 9-14 所示。

图 9-14

步骤 02 执行操作后，进入"工作台"页面，在"全部"选项卡中选择"数字人视频创作"选项，如图 9-15 所示。

图 9-15

步骤 03 执行操作后，进入"数字人视频创作"页面，**①** 单击"文本内容"选项右侧的 "AI 推荐文案"链接，弹出"AI 推荐文案"对话框；**②** 输入关键词"发夹大礼包"；**③** 设置生成文本字数为"生成 200 个字"，如图 9-16 所示，单击"开始生成"按钮，即可生成 3 段文案。

步骤 04 在"AI 推荐文案"对话框中，单击相应文案右下角的"使用文案"按钮，如图 9-17 所示，即可将所选文案自动填入"文本内容"下方的文本框中。

步骤 05 关闭"AI 推荐文案"对话框，**①** 单击"语气风格"中的下拉按钮；**②** 在弹出的列表框中选择"cheerful- 高兴的"选项，如图 9-18 所示，修改 AI 配音的语气风格。

步骤 06 在右侧窗口的下方，**①** 设置"调整语速"的值为 3、"调整语调"的值为 5，适当改变 AI 配音的节奏和声音的音高变化；❷单击"试听"按钮，如图 9-19 所示，即可试听 AI 文案的配音效果。

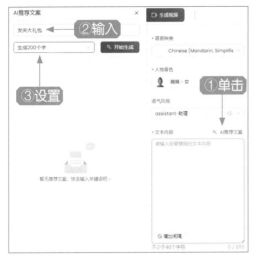

图 9-16　　　　　　　　　　　　　　　　图 9-17

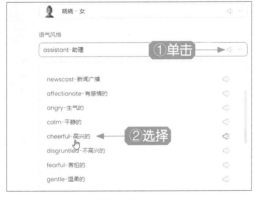

图 9-18　　　　　　　　　　　　　　　　图 9-19

077　生成数字人口播素材

扫码看教学视频

虚拟数字人主播是指用通过计算机生成的虚拟人物充当主播角色，以进行直播或录播节目。这些数字人主播都具备逼真的外貌、表情和声音，并能够与观众进行互动交流，非常适合作为带货主播。下面介绍在 KreadoAI 中生成数字人口播素材的具体操作方法。

步骤 01　❶单击 ✎ 按钮将视频标题修改为"发夹口播带货视频"；❷在"虚拟口播人物"选项区选择合适的虚拟口播人物，如图 9-20 所示。

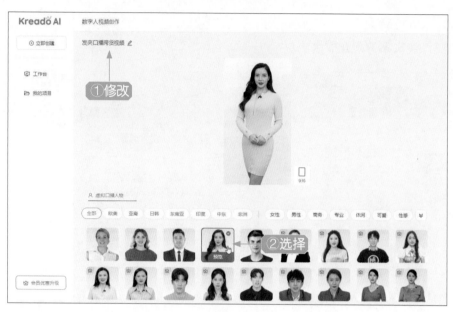

图 9-20

步骤 02 在页面右上方单击"生成视频"按钮，如图 9-21 所示。

步骤 03 执行操作后，弹出"生成视频"对话框，单击"生成视频"按钮，如图 9-22 所示。

图 9-21

图 9-22

步骤 04 执行操作后，进入"我的项目"页面中的"数字人视频"选项卡，会显示视频的生成进度，如图 9-23 所示，等待视频生成即可。

步骤 05 生成视频后，单击右下角的↓按钮，如图 9-24 所示，即可将素材下载到本地。

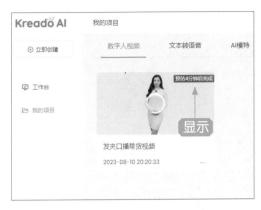

图 9-23 　　　　　　　　　　　　　　图 9-24

078 在剪映中合成视频效果

扫码看教学视频

　　KreadoAI 生成的数字人口播素材都是带有绿幕背景的，用户可以使用其他视频编辑软件进行合成处理，更换视频背景，做出想要的电商视频效果。下面介绍在剪映中合成视频效果的具体操作方法。

　　步骤 01　在剪映电脑版中导入数字人口播素材和背景素材，将它们添加到相应的轨道中，并将背景素材的时长调整为与数字人口播素材的时长一致，如图 9-25 所示。

　　步骤 02　选择数字人口播素材，在"画面"操作区中设置"缩放"参数值为 70%、"位置"的 X 参数值为 1164、Y 参数值为 -968，如图 9-26 所示，调整数字人的位置和大小。

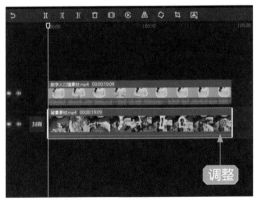

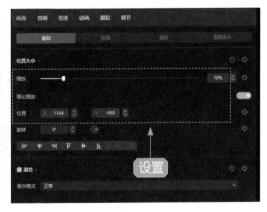

图 9-25 　　　　　　　　　　　　　　图 9-26

　　步骤 03　❶切换至"抠像"选项卡；❷选中"色度抠图"复选框；❸使用取色器工具吸取绿幕背景中的绿色；❹设置"强度"参数值为 6、"阴影"参数值为 50，去除绿幕背景，如图 9-27 所示。

　　步骤 04　❶选中"智能抠像"复选框，进行智能抠像处理，优化视频抠像效果；❷在"播放器"面板上方会显示智能抠像的处理进度，如图 9-28 所示。

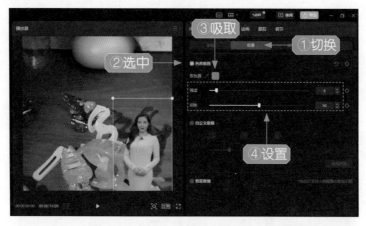

图 9-27

图 9-28

步骤 05 在"调节"操作区中，①切换至 HSL 选项卡；②选择绿色选项◎；
③设置"饱和度"参数值为 -100，如图 9-29 所示，进一步去除数字人素材中的绿色，
完成视频的合成。

图 9-29

9.3 使用 FlexClip 制作商品推荐视频

扫码看教学视频

在网上买过东西的人都知道，我们只能通过眼睛的"视觉效果"去选择购买商品。因此，为商品制作一个美观的推荐视频，可以提升商品的点击量和销量。本节以一个沙发推荐视频为例，介绍使用 FlexClip 制作商品推荐视频的操作方法。图 9-30 所示为本案例视频效果展示。

图 9-30

079 使用模板生成视频

扫码看教学视频

FlexClip 有非常丰富的视频模板资源，用户可以根据需求在相应分类中选择视频模板进行生成。下面介绍在 FlexClip 中使用模板生成视频的具体操作方法。

步骤 01 登录 FlexClip 平台并进入"个人中心"页面，❶单击"商业&服务"右侧的下拉按钮；❷在弹出的列表框中选择"电商"选项，如图 9-31 所示。

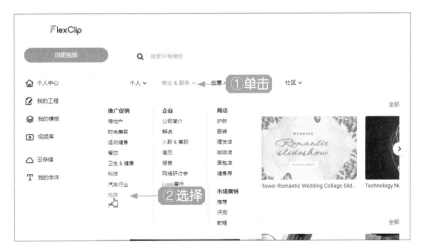

图 9-31

专家指点

FlexClip 为英文平台，但是用户可以使用浏览器的翻译功能，将其界面翻译为中文，从而便于理解和操作。

步骤 02 执行操作后，会显示所有的电商视频模板，选择相应的模板，单击"定制"按钮，如图 9-32 所示。

图 9-32

步骤 03 执行操作后，即可生成相应的视频，如图 9-33 所示。

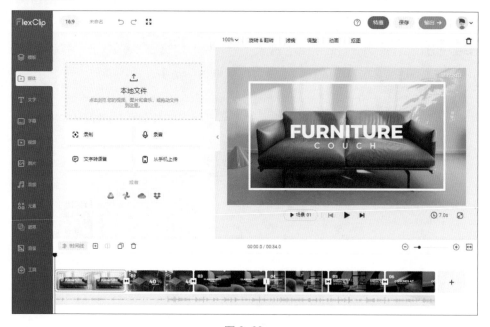

图 9-33

080 删除场景并替换素材

扫码看教学视频

一个模板中通常包含多段场景，用户可以根据素材的数量删除多余的场景。调整完场景数量后，用户就可以上传自己的素材并进行替换了。下面介绍在 FlexClip 中删除场景并替换素材的操作方法。

步骤 01 在"时间线"面板中，❶选择第 4 段场景；❷单击"删除"按钮，如图 9-34 所示，即可将其删除。用同样的方法，再删除一段多余的场景。

步骤 02 在"媒体"面板中单击"本地文件"按钮，如图 9-35 所示。

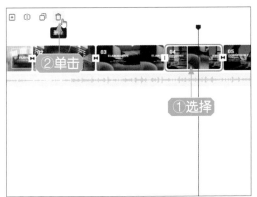

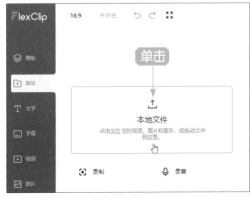

图 9-34

图 9-35

步骤 03 执行操作后，弹出"打开"对话框，选择 4 张图片素材，如图 9-36 所示，单击"打开"按钮，即可完成上传。

步骤 04 用鼠标左键将第 1 张图片拖曳至第 1 段场景上，如图 9-37 所示，释放鼠标左键，即可完成替换。用同样的方法，对其他 3 张图片进行替换。

图 9-36

图 9-37

步骤 05 ❶在预览窗口中选择第 1 段场景中的画中画素材；❷单击上方的"替换"按钮，如图 9-38 所示。

图 9-38

步骤 06 弹出相应对话框，单击第 1 张图片素材上的"替换"按钮，如图 9-39 所示，即可完成画中画素材的替换。

图 9-39

081 修改视频字幕

FlexClip 中的模板带有字幕效果，只不过字幕大部分是英文，并且和用户的素材不一定匹配，因此用户需要手动修改视频的字幕。下面介绍在 FlexClip 中修改视频字幕的具体操作方法。

扫码看教学视频

步骤 01 在预览窗口中双击第 1 段场景中的第 1 行字幕，在左侧的文本框中，修改字幕内容，如图 9-40 所示。

步骤 02 用同样的方法，修改第 1 段场景中的第 2 行字幕的内容，并调整文本框的位置和大小，如图 9-41 所示。

步骤 03 ❶选择第 2 段场景中的第 2 行字幕；❷在弹出的工具栏中单击"删除"按钮 🗑，如图 9-42 所示，即可删除多余的字幕。

步骤 04 ❶修改第 2 段场景中的第 1 行字幕的内容；❷在"文字风格"选项区选择"边框"选项，如图 9-43 所示，为文字添加边框效果。

图 9-40

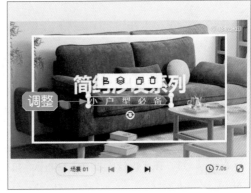

图 9-41

图 9-42

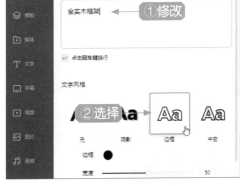

图 9-43

步骤 05 单击"边框"右侧的色块，在弹出的面板中选择一个边框颜色，如图9-44 所示，即可更改文字边框的颜色，让文字变得更醒目。

步骤 06 ❶修改并调整第 2 段场景中第 2 行字幕的内容、文字风格和位置； ❷在上方的工具栏中单击"粗体"按钮 ⓑ，如图 9-45 所示，取消自带的加粗效果。 用同样的方法，调整其他场景中的字幕内容，并适当设置字幕的文字风格和位置。

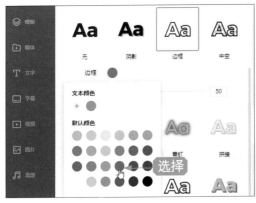

图 9-44

图 9-45

082 生成 AI 配音并调整音量

在 FlexClip 中，用户可以用"文字转语音"功能生成 AI 配音，以详细介绍商品的特点、优势和用途。另外，当视频中既有背景音乐又有 AI 配音时，要对两者的音量进行适当调整，使视频的听感更舒适。下面介绍在 FlexClip 中生成 AI 配音并调整音量的具体操作方法。

步骤 01 在"媒体"面板中单击"文字转语音"按钮 ，如图 9-46 所示，展开"文字转语音"选项区。

步骤 02 ❶单击"说话风格"中的下拉按钮；❷在弹出的列表框中选择"欢快"选项，如图 9-47 所示，修改配音的说话风格。

图 9-46

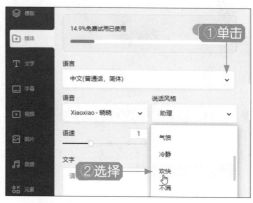

图 9-47

步骤 03 ❶在"文字"下方的文本框中输入相应内容；❷单击"保存到媒体库"按钮，如图 9-48 所示，即可生成对应的配音音频，并添加到"媒体"面板中。

步骤 04 拖曳时间轴至 1 s 的位置，单击音频素材右下角的"添加到时间线"按钮 ，如图 9-49 所示，将其添加到"时间线"面板中。

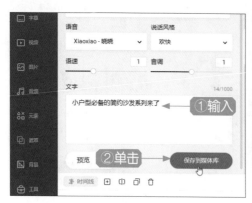

图 9-48

图 9-49

步骤 **05** 在"时间线"面板中拖曳第1段场景片段右侧的白色拉杆，调整其时长，使其结束位置对准配音音频的结束位置，如图9-50所示。

步骤 **06** 用同样的方法，生成其他配音音频，并添加到"时间线"面板中，根据音频的时长适当调整对应场景的时长，如图9-51所示。

图9-50   图9-51

步骤 **07** ❶选择背景音乐；❷单击"音量"按钮 ◁），如图9-52所示。

步骤 **08** 在弹出的面板中设置"音量"参数值为10，如图9-53所示，降低背景音乐的音量。

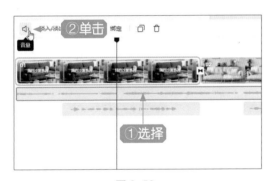
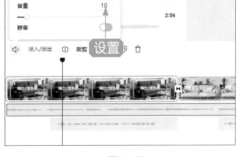

图9-52   图9-53

步骤 **09** ❶同时选中4段配音音频；❷单击"音量"按钮 ◁），如图9-54所示。

步骤 **10** 在弹出的面板中设置"音量"参数值为100，如图9-55所示，提高配音音频的音量，即可完成视频的制作。

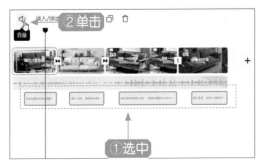
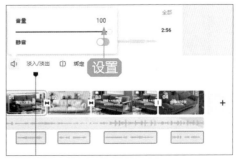

图9-54   图9-55

第10章

ChatGPT + 剪映综合案例：口播视频

学习提示

　　不想出镜怎么做口播视频？用户可以用数字人形象代替真人，从而降低口播视频的拍摄和制作难度。本章介绍用 ChatGPT 生成口播文案、用腾讯智影生成数字人素材并在剪映电脑版中合成视频效果的具体操作方法。

本章重点导航

- ◈ 生成口播文案和数字人素材
- ◈ 在剪映电脑版中合成视频效果

10.1 生成口播文案和数字人素材

用户如果想制作不出镜的口播类短视频，首先要准备一段精彩的口播文案，其次要准备数字人素材，最后将数字人素材和背景素材合成一个视频即可。本案例先运用 ChatGPT 生成口播文案，再运用腾讯智影生成数字人素材，最后运用剪映电脑版合成视频。

扫码看案例效果

本节介绍生成口播文案和数字人素材的具体操作方法。图 10-1 所示为口播视频的效果展示。

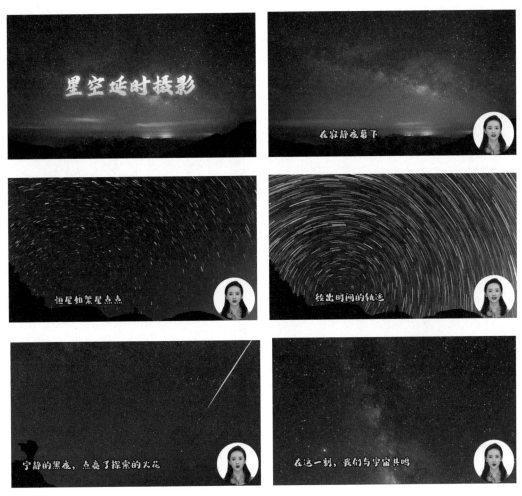

图 10-1

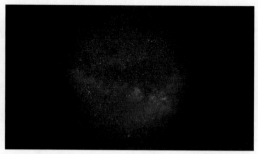

图 10-1（续）

083 用 ChatGPT 生成口播文案

扫码看教学视频

在生成口播文案时，用户最好告知 ChatGPT 文案的主题是什么、字数是多少，这样 ChatGPT 才能生成对应的文案内容。下面介绍用 ChatGPT 生成口播文案的具体操作方法。

步骤 01 在 ChatGPT 的输入框中输入"你了解星空延时摄影吗？"，ChatGPT 的回答如图 10-2 所示，判断 ChatGPT 对星空延时摄影的了解程度。

> 你了解星空延时摄影吗？
>
> 当然了解。星空延时摄影是一种摄影技术，旨在捕捉夜空中星星、星系、银河、流星等天体的运动过程。通过在一段时间内连续拍摄一系列照片，然后将这些照片合成为视频或图片，可以展示出夜空中的美丽景象和星轨。
>
> 这项技术需要一台能够手动设置参数的相机、一个稳定的三脚架以及一些基本的摄影知识。设置相机的参数如快门速度、光圈和ISO等，通常需要较长的快门速度以捕捉更多的星光。为了防止相机在拍摄过程中晃动，通常使用遥控器或延时器来触发快门。
>
> 星空延时摄影可以呈现出令人惊叹的星空景观，展示出宇宙的壮丽和奇妙。这种摄影技术能够捕捉到平常肉眼难以察觉的细节，让人们感受到宇宙的无限魅力和美丽。

图 10-2

步骤 02 让 ChatGPT 生成口播文案，在 ChatGPT 的输入框中输入"以'星空延时摄影的美'为主题，创作一篇 100 字以内的短视频口播文案"，ChatGPT 生成的口播文案如图 10-3 所示。用户可以将口播文案复制并粘贴到文档中，并对文案的段落进行调整，使文案结构更清晰。

> 以"星空延时摄影的美"为主题，创作一篇100字以内的短视频口播文案
>
> 在寂静夜幕下，星空延时摄影勾勒出宇宙的神秘之美。恒星如繁星点点，细细的星轨像艺术的笔触，绘出时间的轨迹。宁静的黑夜，点亮了探索的火花，唤起内心对未知的向往。在这一刻，我们与宇宙共鸣，感受生命微小与壮阔的对话。让我们驻足，凝视这闪烁的奇迹，感受星空延时摄影的美，感知宇宙无限的启示。

图 10-3

084 用腾讯智影生成数字人素材

扫码看教学视频

运用腾讯智影海量的数字人资源，用户可以轻松生成数字人素材。另外，用户还可以对数字人的形象、配音、位置、大小、展现方式和视频背景进行设置。例如，可以将视频背景设置为纯色，方便后续在剪映电脑版中进行抠图处理。下面介绍用腾讯智影生成数字人素材的具体操作方法。

步骤 01 在腾讯智影的"创作空间"页面中，单击"数字人播报"按钮，如图 10-4 所示。

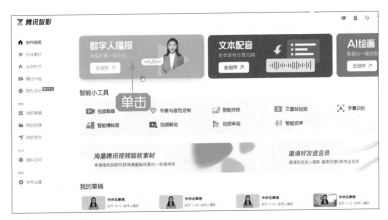

图 10-4

步骤 02 进入"数字人播报"页面，在"2D数字人"选项区单击"查看更多"按钮，如图 10-5 所示。

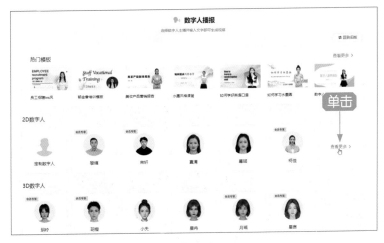

图 10-5

步骤 03 弹出"选择数字人"面板，❶选择相应的数字人形象；❷单击"确定"按钮，如图 10-6 所示。

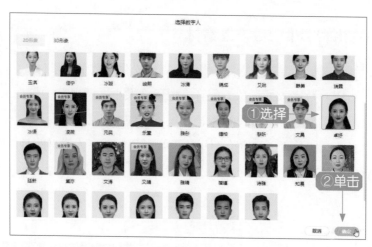

图 10-6

步骤 04 进入视频编辑页面，单击"配音"选项卡中的文本框，如图 10-7 所示。

图 10-7

步骤 05 弹出"数字人文本配音"面板，①粘贴口播文案；②单击"保存并生成音频"按钮，如图 10-8 所示，即可生成对应的音频内容。

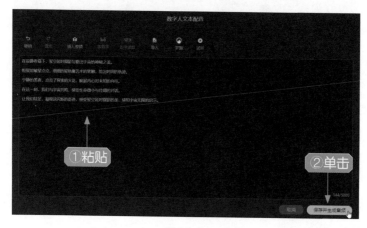

图 10-8

步骤 06 ❶切换至"画面"|"展示方式"选项卡；❷选择圆形展示方式，如图 10-9 所示，为数字人添加一个圆形蒙版。

步骤 07 在"展示方式"选项区中，设置"背景填充"为"图片"，并在"图片库"选项区选择一张白色图片，如图 10-10 所示，使蒙版背景为白色。

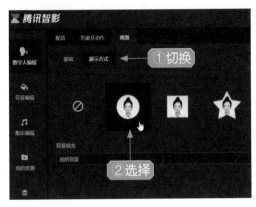

图 10-9 图 10-10

步骤 08 调整蒙版和数字人的大小与位置，在"背景编辑"面板中，设置背景为一张蓝色图片，如图 10-11 所示，更改数字人素材的整体背景。

步骤 09 单击页面右上角的"合成"按钮，如图 10-12 所示，将数字人素材合成并导出即可。

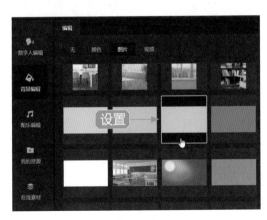

图 10-11 图 10-12

10.2 在剪映电脑版中合成视频效果

用户可以在剪映电脑版中运用"色度抠图"功能抠除数字人素材中的蓝色背景，

将数字人单独抠取出来，再为其添加背景素材、字幕、滤镜、背景音乐等元素，即可合成一个美观、实用的数字人口播视频。

085 通过 AI 匹配生成字幕

扫码看教学视频

使用"文稿匹配"功能可以帮助用户快速完成字幕的匹配，轻松地为视频添加字幕。另外，用户还可以为字幕设置样式效果，提升字幕的美感。下面介绍在剪映电脑版中通过 AI 匹配生成字幕的具体操作方法。

步骤 01 将背景素材和数字人素材导入"媒体"功能区，将背景素材按顺序添加到视频轨道中，在视频轨道的起始位置单击"关闭原声"按钮 🔊，如图 10-13 所示，将所有背景素材静音。

步骤 02 ❶拖曳时间轴至 3 s 的位置；❷用拖曳的方式，将数字人素材添加到画中画轨道中，如图 10-14 所示。

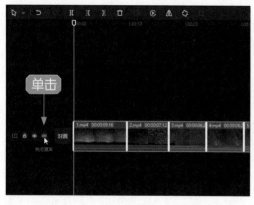

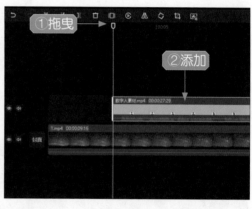

图 10-13   图 10-14

步骤 03 ❶切换至"文本"功能区；❷展开"智能字幕"选项卡；❸单击"文稿匹配"中的"开始匹配"按钮，如图 10-15 所示。

步骤 04 在弹出的"输入文稿"面板中，❶粘贴口播文案；❷单击"开始匹配"按钮，如图 10-16 所示，即可生成对应的字幕。

步骤 05 选择第 1 段文本，在"文本"操作区中，❶设置一种合适的字体；❷设置一个好看的样式，如图 10-17 所示，设置的字体和预设样式会自动同步到其他的文本上。

步骤 06 在"播放器"面板中调整文本的位置和大小，如图 10-18 所示。

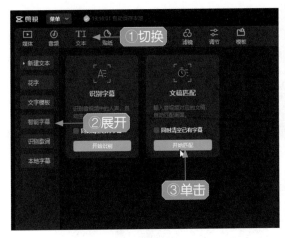

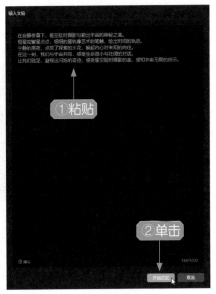

图 10-15　　　　　　　　　　　　　　　　　图 10-16

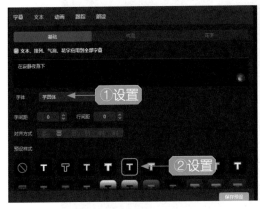

图 10-17　　　　　　　　　　　　　　　　　图 10-18

专家指点

　　运用"文稿匹配"功能生成的字幕，为任意一段文本设置的字体、预设样式、花字等效果，都会自动同步到其他字幕上，但动画效果不会同步。

086 用色度抠图功能抠出数字人

　　如果用户想将某个纯色背景中的人或物抠出来，就可以使用"色度抠图"功能，一键抠除背景颜色，只留下需要的素材。另外，用户在使用"色度抠图"功能抠出素材时，还需要设置"强度"和"阴影"

扫码看教学视频

参数。需要注意的是，并不是这两个参数越大，抠图效果就越好，用户一定要根据素材的实际情况进行设置。下面介绍在剪映电脑版中用"色度抠图"功能抠出数字人的具体操作方法。

步骤 01 选择数字人素材，①切换至"抠像"选项卡；②选中"色度抠图"复选框；③单击"取色器"按钮 ；④在画面中的蓝色位置进行取样，如图 10-19 所示。

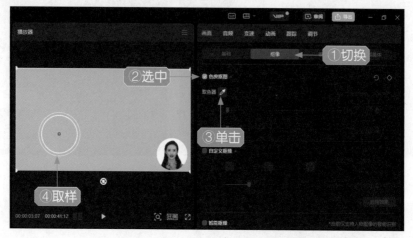

图 10-19

步骤 02 取样完成后，①在"色度抠图"选项区设置"强度"参数值为 1、"阴影"参数值为 100；②即可抠除数字人素材中的蓝色，使数字人单独显示，如图 10-20 所示。

图 10-20

步骤 03 在"播放器"面板中调整数字人的位置和大小，如图 10-21 所示。

图 10-21

087 添加转场并调整素材时长

扫码看教学视频

为了让视频效果更美观，用户需要对背景素材进行美化，如添加转场效果和调整素材时长等。下面介绍在剪映电脑版中添加转场并调整素材时长的具体操作方法。

步骤 01 在字幕轨道的起始位置单击"锁定轨道"按钮，如图 10-22 所示，将字幕轨道锁定。

步骤 02 ❶切换至"转场"功能区；❷在"热门"选项卡中单击"雾化"转场右下角的"添加到轨道"按钮，如图 10-23 所示，即可在第 1 段和第 2 段素材之间添加一个转场效果。

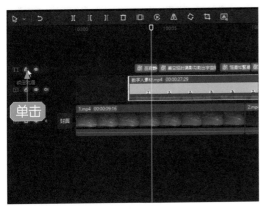

图 10-22

图 10-23

步骤 03 ❶在"转场"操作区设置"雾化"转场的"时长"参数值为 0.5 s；❷单击"应用全部"按钮，如图 10-24 所示，即可在其余的素材之间都添加"雾化"转场。

步骤 **04** ❶拖曳时间轴至第 2 段文本的结束位置; ❷拖曳第 1 段素材片段右侧的白色边框,调整其时长,如图 10-25 所示。用同样的方法,调整其余素材的时长。

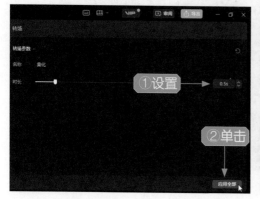

图 10-24

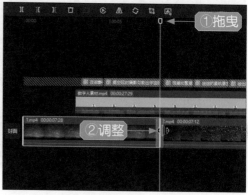

图 10-25

088 制作主题片头和全剧终片尾

扫码看教学视频

一个好的片头,应该开门见山地展示视频主题;而一个好的片尾,不应该结束得非常仓促,而是要为观众留下回味的余地。下面介绍在剪映电脑版中制作片头、片尾的具体操作方法。

步骤 **01** 拖曳时间轴至视频起始位置,选择第 1 段素材,❶切换至"动画"操作区; ❷在"入场"选项卡中选择"渐显"动画,如图 10-26 所示,制作画面渐显的片头效果。

步骤 **02** ❶切换至"文本"功能区; ❷在"新建文本"选项卡中单击"默认文本"右下角的"添加到轨道"按钮 ➕ ,如图 10-27 所示,为片头添加一段文本。

图 10-26

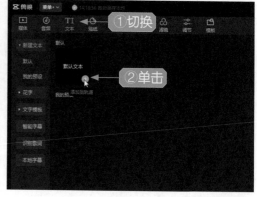

图 10-27

步骤 **03** ❶修改片头文本的内容; ❷设置一个合适的文字字体,如图 10-28 所示。

步骤 04 ❶切换至"花字"选项卡；❷选择一个合适的花字样式，如图 10-29 所示，让片头文字更美观。

图 10-28   图 10-29

步骤 05 ❶切换至"动画"操作区；❷在"入场"选项卡中选择"晕开"动画，如图 10-30 所示，为片头文本添加入场动画。

步骤 06 在"出场"选项卡中选择"渐隐"动画，如图 10-31 所示，为片头文本添加出场动画。

图 10-30   图 10-31

步骤 07 调整片头文本的时长，如图 10-32 所示，完成片头的制作。

步骤 08 拖曳时间轴至最后一段文本的结束位置，❶切换至"特效"功能区；❷在"画面特效"｜"基础"选项卡中，单击"全剧终"特效右下角的"添加到轨道"按钮➕，如图 10-33 所示，为片尾添加一个特效。

步骤 09 调整"全剧终"特效的时长，如图 10-34 所示，即可完成片尾的制作。

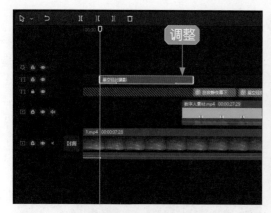

图 10-32

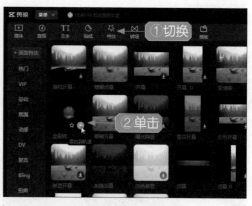

图 10-33

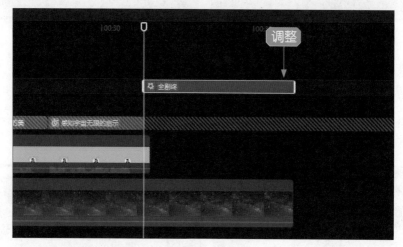

图 10-34

089 为视频添加冷蓝滤镜

扫码看教学视频

　　本案例的素材都是星空延时摄影视频，因此很适合为其添加"夜景"选项卡中的滤镜。例如，为视频添加"冷蓝"滤镜，可以让视频中的画面偏冷色调，并且使蓝色更突出。下面介绍在剪映电脑版中为视频添加"冷蓝"滤镜的具体操作方法。

步骤 01 拖曳时间轴至视频起始位置，❶切换至"滤镜"功能区；❷展开"夜景"选项卡；❸单击"冷蓝"滤镜右下角的"添加到轨道"按钮➕，如图 10-35 所示，即可为视频添加一个滤镜。

步骤 02 调整"冷蓝"滤镜的时长，使其与视频时长保持一致，如图 10-36 所示。

步骤 03 在"滤镜"操作区中，设置"冷蓝"滤镜的"强度"参数值为 75，如图 10-37 所示，完成对视频的调色处理。

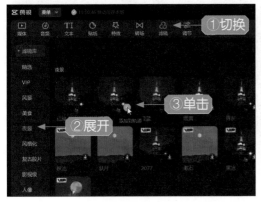

图 10-35

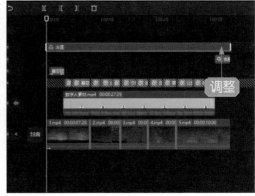

图 10-36

图 10-37

090 添加并设置音频效果

扫码看教学视频

在剪映电脑版中，用户可以通过搜索为视频添加合适的背景音乐，还可以设置音乐的"音量"参数，调整音频的呈现效果。下面介绍在剪映电脑版中添加并设置音频效果的具体操作方法。

步骤 01 ❶切换至"音频"功能区；❷在"音乐素材"选项卡的搜索框中输入并搜索"星星钢琴曲"；❸在搜索结果中单击相应音乐右下角的"添加到轨道"按钮 ，如图 10-38 所示，为视频添加一段背景音乐。

步骤 02 ❶拖曳时间轴至视频结束位置；❷单击"向右裁剪"按钮，如图 10-39 所示，删除多余的背景音乐。在"音频"操作区中，设置"音量"参数值为 −20.0 dB，降低背景音乐的音量，完成视频的制作。

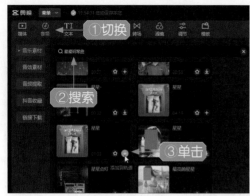

图 10-38　　　　　　　　　　　　图 10-39

第 **11** 章

ChatGPT + 剪映综合案例：影视解说

学习提示

　　制作影视解说视频，首先要有好的解说文案和解说音频，而运用 ChatGPT 和剪映的"朗读"功能，就可以轻松完成前期准备。本章介绍生成解说文案和配音音频、用剪映电脑版剪出成品视频的具体操作方法。

本章重点导航

◈ 生成解说文案和配音音频

◈ 用剪映电脑版剪出成品视频

11.1 生成解说文案和配音音频

运用 ChatGPT 生成影视解说短视频的文案，可以节省用户的时间
和精力，还可以为用户提供一些剪辑建议，提高视频剪辑的效率。用
户在开始剪辑前需要准备相应的解说音频，而剪映的"朗读"功能就
可以快速进行 AI 配音，生成所需的音频。

扫码看教学视频

本节介绍运用 ChatGPT 生成解说文案和用朗读功能生成解说音频的具体操作方
法。图 11-1 所示为影视解说的效果展示。

图 11-1

图 11-1（续）

091 用 ChatGPT 生成解说文案

扫码看教学视频

在生成文案时，用户可以要求 ChatGPT 为旁白配上相应的画面描述，这样在剪辑时就可以根据描述选择画面，从而降低剪辑的难度。下面介绍用 ChatGPT 生成解说文案的具体操作方法。

步骤 01 在 ChatGPT 的输入框中输入"你知道电影 *84 Charing Cross Road*（《查令十字路 84 号》）吗？"，ChatGPT 的回答如图 11-2 所示，确认 ChatGPT 了解要解说的这部电影。

你知道电影《84 Charing Cross Road》吗？

是的，我熟悉电影《84 Charing Cross Road》。这是一部1987年上映的电影，由大卫·琼斯（David Jones）执导，改编自海伦·汉弗莱（Helene Hanff）的同名书籍。电影的剧本由休·威廉斯（Hugh Whitemore）撰写。

《84 Charing Cross Road》以真实故事为基础，讲述了一位美国女作家海伦·汉弗莱（由安妮·班克罗夫特扮演）与一家位于伦敦的书店"Marks & Co."的员工弗兰克·多伊奇（由安东尼·霍普金斯扮演）之间长达20多年的书信往来。故事始于汉弗莱寻找罕见书籍的愿望，她从美国给位于伦敦的书店写信订购书籍，而多伊奇则为她提供了多年的专业服务。

电影通过书信往来，展现了两位主人公之间的深厚友情和跨越大洋的纽带。尽管他们从未在现实中相见，但他们的信件交流表达出了对文学和知识的共同热爱，以及对彼此生活的关心和了解。

《84 Charing Cross Road》强调了书籍连接人与人之间情感的力量，以及文化交流的重要性。这部电影受到观众的喜爱，被认为是一部温馨感人的作品，展示了友情和知识对生活的积极影响。

图 11-2

专家指点

由于国外电影的中文名是通过翻译得来的，因此用户在输入指令时最好使用电影的英文名，这样可以让 ChatGPT 更精准地搜索和回答与电影相关的内容。

步骤 02 让 ChatGPT 生成解说文案。在 ChatGPT 的输入框中输入“请从剧情分析的角度，为 *84 Charing Cross Road* 创作一篇影视解说类的短视频文案，要求：配画面说明”，生成的解说文案如图 11-3 所示。

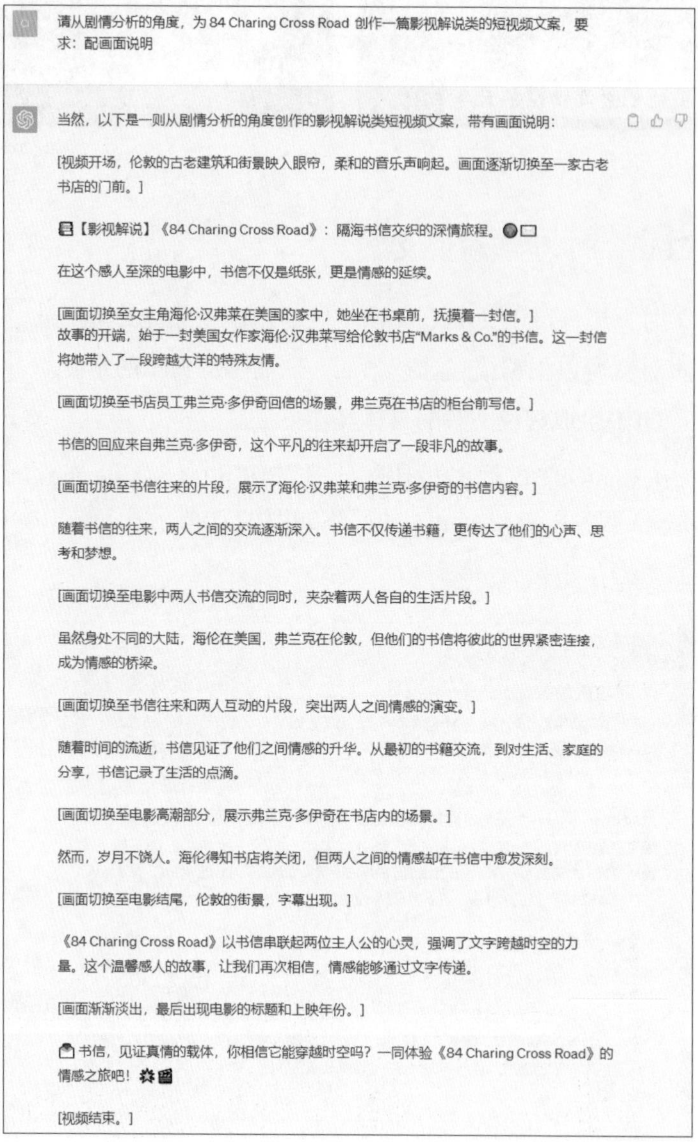

请从剧情分析的角度，为 84 Charing Cross Road 创作一篇影视解说类的短视频文案，要求：配画面说明

当然，以下是一则从剧情分析的角度创作的影视解说类短视频文案，带有画面说明：

[视频开场，伦敦的古老建筑和街景映入眼帘，柔和的音乐声响起。画面逐渐切换至一家古老书店的门前。]

【影视解说】《84 Charing Cross Road》：隔海书信交织的深情旅程。

在这个感人至深的电影中，书信不仅是纸张，更是情感的延续。

[画面切换至女主角海伦·汉弗莱在美国的家中，她坐在书桌前，抚摸着一封信。]
故事的开端，始于一封美国女作家海伦·汉弗莱写给伦敦书店“Marks & Co.”的书信。这一封信将她带入了一段跨越大洋的特殊友情。

[画面切换至书店员工弗兰克·多伊奇回信的场景，弗兰克在书店的柜台前写信。]

书信的回应来自弗兰克·多伊奇，这个平凡的往来却开启了一段非凡的故事。

[画面切换至书信往来的片段，展示了海伦·汉弗莱和弗兰克·多伊奇的书信内容。]

随着书信的往来，两人之间的交流逐渐深入。书信不仅传递书籍，更传达了他们的心声、思考和梦想。

[画面切换至电影中两人书信交流的同时，夹杂着两人各自的生活片段。]

虽然身处不同的大陆，海伦在美国，弗兰克在伦敦，但他们的书信将彼此的世界紧密连接，成为情感的桥梁。

[画面切换至书信往来和两人互动的片段，突出两人之间情感的演变。]

随着时间的流逝，书信见证了他们之间情感的升华。从最初的书籍交流，到对生活、家庭的分享，书信记录了生活的点滴。

[画面切换至电影高潮部分，展示弗兰克·多伊奇在书店内的场景。]

然而，岁月不饶人。海伦得知书店将关闭，但两人之间的情感却在书信中愈发深刻。

[画面切换至电影结尾，伦敦的街景，字幕出现。]

《84 Charing Cross Road》以书信串联起两位主人公的心灵，强调了文字跨越时空的力量。这个温馨感人的故事，让我们再次相信，情感能够通过文字传递。

[画面渐渐淡出，最后出现电影的标题和上映年份。]

书信，见证真情的载体，你相信它能穿越时空吗？一同体验《84 Charing Cross Road》的情感之旅吧！

[视频结束。]

图 11-3

专家指点

为了方便后续的操作，用户需要将生成的文案复制并粘贴到文档中，并适当地进行调整。例如，可以在修改相应内容后，将修改好的文案复制一份，并删除旁白以外的内容，制作一份纯净版文案，以便后期进行 AI 配音和字幕生成。

扫码看教学视频

092 用朗读功能生成配音音频

在剪映电脑版中如何快速生成配音音频呢？用户可以通过"朗读"功能一键将文本内容转化为音频，还可以选择不同风格的配音音色。下面介绍在剪映电脑版中用"朗读"功能生成配音音频的具体操作方法。

步骤 01 打开剪映电脑版，在首页单击"开始创作"按钮，进入视频编辑界面，在"文本"功能区的"新建文本"选项卡中，单击"默认文本"选项右下角的"添加到轨道"按钮 ⊕，如图 11-4 所示，添加一段默认文本。

步骤 02 在"文本"操作区的文本框中，粘贴解说文案，如图 11-5 所示。

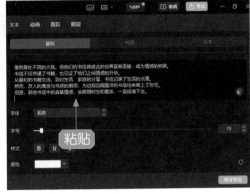

图 11-4

图 11-5

步骤 03 ❶切换至"朗读"操作区；❷选择"译制片男"音色；❸单击"开始朗读"按钮，如图 11-6 所示。

步骤 04 执行操作后，即可开始进行 AI 配音，并生成对应的音频，如图 11-7 所示。

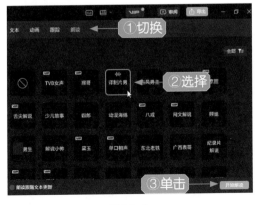

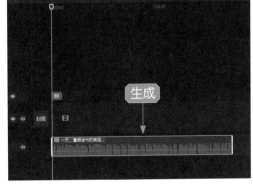

图 11-6

图 11-7

步骤 05 单击界面右上角的"导出"按钮，如图 11-8 所示。

步骤 06 弹出"导出"对话框，①取消选中"视频导出"复选框；②选中"音频导出"复选框；③单击"导出"按钮，如图 11-9 所示，将解说音频导出备用。

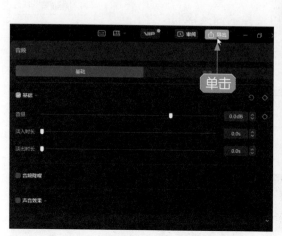
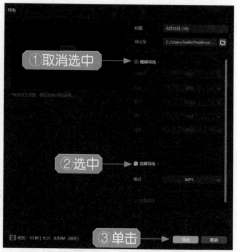

图 11-8   图 11-9

11.2 用剪映电脑版剪出成品视频

剪映电脑版拥有全面的视频编辑功能，可以充分满足用户在剪辑影视解说类短视频时的需求。另外，剪映电脑版还拥有许多 AI 功能，如"文稿匹配"等，可以帮助用户提高剪辑效率并优化视频效果。

093 用文稿匹配功能快速生成字幕

扫码看教学视频

当用户有文案内容和对应的音频时，可以运用"文稿匹配"功能生成字幕。需要注意的是，在使用"文稿匹配"功能生成字幕时，轨道中不能有其他无关的音频干扰。下面介绍在剪映电脑版中用"文稿匹配"功能快速生成字幕的具体操作方法。

步骤 01 新建一个草稿文件，将电影素材、片头、片尾和解说音频导入"媒体"功能区，并将片头、片尾和电影素材按顺序添加到视频轨道，如图 11-10 所示。

步骤 02 拖曳时间轴至电影素材的起始位置，①将解说音频添加到音频轨道中；②在视频轨道的起始位置单击"关闭原声"按钮 ，如图 11-11 所示，将视频轨道中的素材静音，以免影响字幕的生成。

步骤 03 ①切换至"文本"功能区；②在"智能字幕"选项卡中单击"文稿匹配"中的"开始匹配"按钮，如图 11-12 所示。

图 11-10

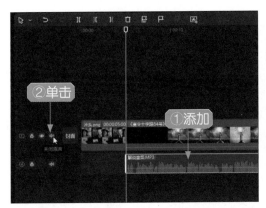

图 11-11

图 11-12

步骤 04 执行操作后，弹出"输入文稿"面板，①粘贴解说文案；②单击"开始匹配"按钮，如图 11-13 所示。

步骤 05 执行操作后，即可生成相应的字幕，如图 11-14 所示。

图 11-13

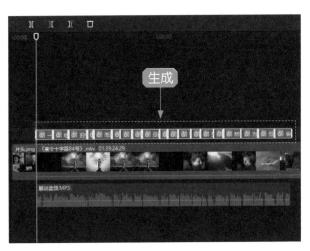

图 11-14

094 运用剪辑工具剪出解说内容

扫码看教学视频

影视解说的魅力之一就在于可以用较短的时间让人快速了解一部电影的剧情和思想。因此，用户需要根据解说文案找出合适的画面并进行剪辑，使文案与画面相匹配。另外，在生成解说文案时，ChatGPT 还提供了画面提示，用户在剪辑时可将其当作参考来寻找画面。下面介绍在剪映电脑版中运用剪辑工具剪出解说内容的具体操作方法。

步骤 01 在字幕轨道的起始位置单击“锁定轨道”按钮，如图 11-15 所示，将所有字幕锁定。

步骤 02 通过单击“分割”按钮、“向左裁剪”按钮、“向右裁剪”按钮和“删除”按钮，完成对解说内容的初步剪辑，如图 11-16 所示。

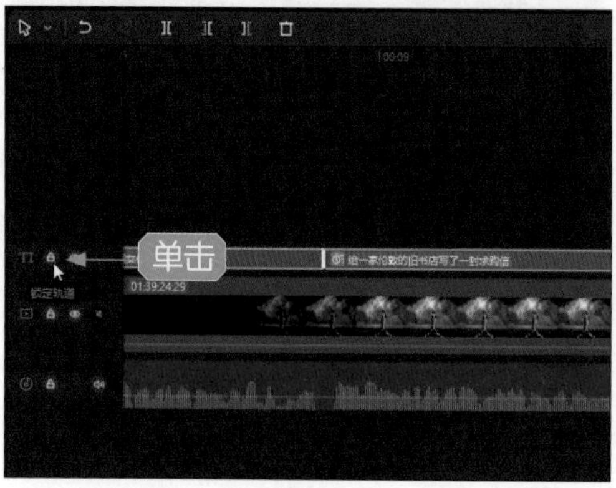

图 11-15

图 11-16

095 优化片头、片尾效果

扫码看教学视频

一个完整的解说视频需要有好的片头、片尾，片头承担着简要介绍电影名称和主题的任务，而片尾则发挥着总结与升华电影情感的作用。用户可以从电影中选取两张具有代表性的场景图片作为解说视频的片头、片尾，但是想要片头、片尾能发挥作用，还需要对其进行优化。下面介绍在剪映电脑版中优化片头、片尾效果的具体操作方法。

步骤 01 在视频起始位置添加两段片头文本，并修改相应的文本内容，如图 11-17 所示。

步骤 02 选择第 1 段片头文本，设置相应的字体和预设样式，如图 11-18 所示。

图 11-17

图 11-18

步骤 03 ❶切换至"动画"操作区；❷在"入场"选项卡中选择"渐显"动画，如图 11-19 所示，为第 1 段片头文本添加入场动画。

步骤 04 ❶切换至"出场"选项卡；❷选择"渐隐"动画，如图 11-20 所示，添加动画。

图 11-19

图 11-20

步骤 05 用同样的方法，为第 2 段片头文本设置相应的字体和预设样式，如图 11-21 所示。

步骤 06 用同样的方法，为第 2 段片头文本添加"打字机Ⅱ"入场动画和"渐隐"出场动画，如图 11-22 所示。

步骤 07 同时选择第 2 段和第 3 段片头文本，❶切换至"朗读"操作区；❷选择"译制片男"音色；❸单击"开始朗读"按钮，如图 11-23 所示，即可为片头添加朗读音频。

步骤 08 调整两段朗读音频的位置，并根据朗读音频的位置与时长调整两段片头文本的位置与时长，如图 11-24 所示。

图 11-21

图 11-22

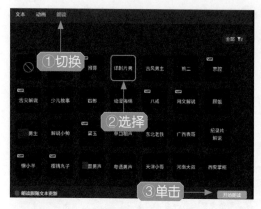

图 11-23

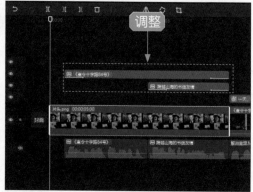

图 11-24

步骤 09 在"播放器"面板中调整两段片头文本的位置和大小,如图 11-25 所示。

步骤 10 为片头素材添加"渐显"入场动画,如图 11-26 所示,即可完成片头的制作。

图 11-25

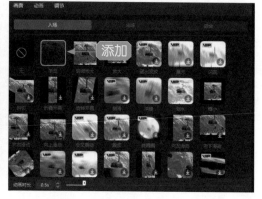

图 11-26

步骤 11 拖曳时间轴至片尾素材的起始位置,❶切换至"特效"功能区;❷在"画

面特效"|"基础"选项卡中，单击"全剧终"特效右下角的"添加到轨道"按钮，
如图 11-27 所示。

步骤 12 根据特效的时长调整片尾素材的时长，如图 11-28 所示，即可完成片尾的制作。

 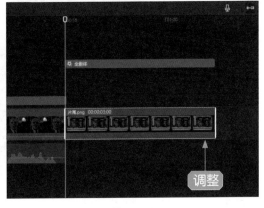

图 11-27 　　　　　　　　　　　　　图 11-28

096 添加滤镜进行画面调色

扫码看教学视频

在剪映电脑版中，最简单、快速的调色方法就是为素材添加合适的滤镜。下面介绍在剪映电脑版中添加滤镜进行画面调色的具体操作方法。

步骤 01 拖曳时间轴至视频起始位置，❶切换至"滤镜"功能区；❷在"室内"选项卡中单击"安愉"滤镜右下角的"添加到轨道"按钮，如图 11-29 所示，将"安愉"滤镜添加到滤镜轨道中。

步骤 02 调整"安愉"滤镜的时长，使其与视频时长保持一致，如图 11-30 所示。

 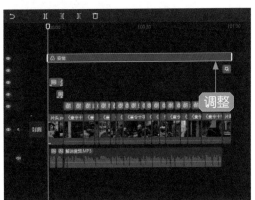

图 11-29 　　　　　　　　　　　　　图 11-30

步骤 `03` 执行操作后,即可为整个视频添加滤镜,在"播放器"面板中可以查看添加滤镜后的画面效果,如图 11-31 所示。

图 11-31

097 为字幕设置样式效果

扫码看教学视频

在剪映电脑版中,用户可以通过设置字幕样式,让字幕变得更醒目、更美观。下面介绍在剪映电脑版中为字幕设置样式效果的具体操作方法。

步骤 `01` 在被锁定的字幕轨道的起始位置单击"解锁轨道"按钮🔒,如图 11-32 所示,即可取消对轨道的锁定。

步骤 `02` 选择第 1 段字幕,在"文本"操作区的"基础"选项卡中,❶更改文字字体;❷设置"字号"参数值为 8;❸设置相应的预设样式,如图 11-33 所示,设置的样式效果会自动同步添加到其余的字幕上。

图 11-32   图 11-33

步骤 `03` 在"播放器"面板中可以查看设置样式后的字幕效果,如图 11-34 所示。

图 11-34

098 添加并编辑背景音乐

扫码看教学视频

在剪映电脑版中，用户可以通过添加关键帧和设置"音量"参数轻松制作音频的音量高低变化效果。下面介绍在剪映电脑版中添加并编辑背景音乐的具体操作方法。

步骤 01 拖曳时间轴至视频起始位置，在"音频"功能区的"音乐素材"选项卡中，❶搜索"忧伤钢琴曲"；❷单击相应音乐右下角的"添加到轨道"按钮➕，如图 11-35 所示，为视频添加一段背景音乐。

步骤 02 ❶拖曳时间轴至视频结束位置；❷单击"向右裁剪"按钮，如图 11-36 所示，即可分割并自动删除多余的背景音乐。

图 11-35

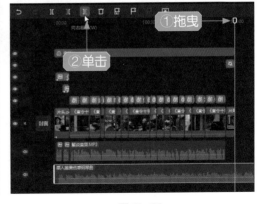

图 11-36

步骤 03 拖曳时间轴至片尾素材的起始位置，在"音频"操作区中，❶设置"音量"参数值为 -20.0 dB；❷单击"音量"选项右侧的"添加关键帧"按钮◇，如图 11-37 所示，添加第 1 个关键帧。

步骤 04 拖曳时间轴至视频结束位置，在"音频"操作区中，❶设置"音量"参数值为 0.0 dB；❷自动添加第 2 个关键帧，如图 11-38 所示，使背景音乐的音量慢慢恢复正常。

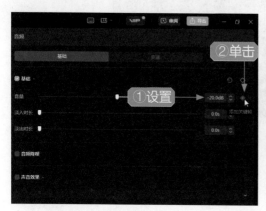

图 11-37

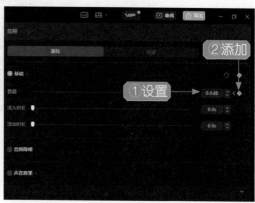

图 11-38

步骤 05 在"音频"操作区中，设置"淡出时长"参数值为 1.0 s，如图 11-39 所示，为音频添加淡出效果。

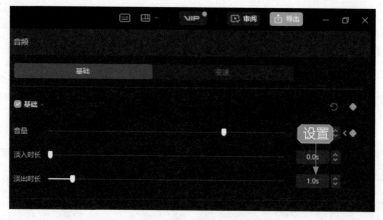

图 11-39

099 为视频设置封面

扫码看教学视频

在剪映电脑版中，用户可以为视频设置封面。另外，在导出时，系统会自动将封面图片一同导出，用户可以在短视频平台发布视频时添加导出的封面图片，以提高视频点击率。下面介绍在剪映电脑版中为视频设置封面的具体操作方法。

步骤 01 在视频轨道的起始位置单击"封面"按钮，如图 11-40 所示。

步骤 02 弹出"封面选择"面板，❶在"视频帧"选项卡中拖曳时间轴，选取合适的封面图片；❷单击"去编辑"按钮，如图 11-41 所示。

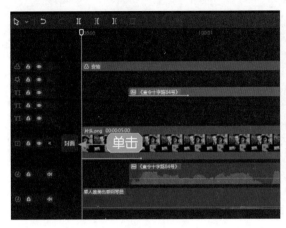

图 11-40　　　　　　　　　　　　　　　　图 11-41

步骤 03 弹出"封面设计"面板，单击"完成设置"按钮，如图 11-42 所示，即可完成封面的设置和视频的制作。

图 11-42

第12章

ChatGPT + 剪映综合案例：房产广告

学习提示

　　一个好的房产广告视频，应该将房子的优点充分展示出来，从而吸引有购房需求的人来了解房屋情况。本章介绍用 ChatGPT 生成广告文案并粘贴、调整文案和用剪映电脑版完成视频剪辑的具体操作方法。

本章重点导航

- ◈ 生成并粘贴、调整视频文案
- ◈ 用剪映电脑版完成视频剪辑

12.1 生成并粘贴、调整视频文案

扫码看教学视频

要想制作一个房产广告视频，首先要有能打动人心的广告文案。用户可以运用 ChatGPT 生成房产广告视频的文案，并根据需要进行适当调整。

本节介绍运用 ChatGPT 生成口播文案和粘贴并调整文案的具体操作方法。图 12-1 所示为房产广告的效果展示。

图 12-1

每一处都是品质与品味的结晶

就是选择与自然为邻

图 12-1（续）

100 用 ChatGPT 生成广告文案

扫码看教学视频

在生成广告文案时，用户需要将广告的主体、主要内容、形式和字数限制等内容告知 ChatGPT。例如，广告的主体是江景房，主要内容是介绍房子的优势和装修，采用口播视频的形式呈现，字数为 100 字。下面介绍用 ChatGPT 生成广告文案的具体操作方法。

步骤 01 在 ChatGPT 的输入框中输入"你了解房产口播短视频文案吗？"，ChatGPT 的回复如图 12-2 所示，判断 ChatGPT 对房产口播短视频文案的了解程度。

> 你了解房产口播短视频文案吗？
>
> 当然了解。房产口播短视频文案通常在短时间内介绍房产项目的特点、优势和吸引点，引起观众的兴趣。这些文案需要简洁明了、生动有趣，同时突出房产的价值和独特之处。关键是在有限的字数内传达出房产的魅力，激发观众的兴趣，引导他们了解更多详情或采取进一步行动。

图 12-2

步骤 02 让 ChatGPT 生成口播文案，在 ChatGPT 的输入框中输入"策划一个房产短视频的口播文案，主要介绍江景房的优势和装修，写 100 字"，生成的口播文案如图 12-3 所示。

> 策划一个房产短视频的口播文案，主要介绍江景房的优势和装修，写100字
>
> 悠然江景，恬静生活。这里，窗外是碧波荡漾的江水，阳光洒进房间，温暖心房。精心设计的室内，细节尽显匠心，舒适与美感并蓄。步入其中，仿佛置身艺术殿堂，每一处都是品质与品味的结晶。江景房，与自然为邻，与美好同行。开启您的尊贵生活，尽在这个梦幻般的家园。

图 12-3

101 粘贴并调整文案

扫码看教学视频

文案生成后，用户可能需要对文案内容进行一些调整，因此需要将文案复制并粘贴至方便调整内容的地方，如 Word 文档或文本文档中。下面介绍在 Word 中粘贴并调整文案的具体操作方法。

步骤 01 在 ChatGPT 中单击口播文案右上角的 按钮，如图 12-4 所示，将文案复制一份。

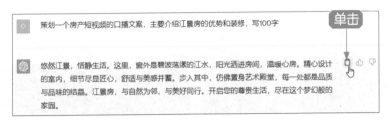

图 12-4

步骤 02 打开一个 Word 文档，在空白位置单击鼠标右键，在弹出的快捷菜单中选择"粘贴"选项，如图 12-5 所示，即可将复制的文案粘贴到文档中。

步骤 03 在文档中对粘贴的文案进行适当调整，如图 12-6 所示。

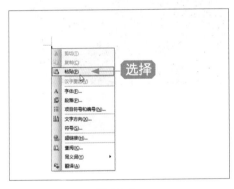

图 12-5

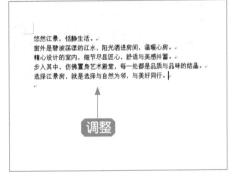

图 12-6

12.2 用剪映电脑版完成视频剪辑

剪映电脑版的功能强大，非常适合用来剪辑一些内容丰富、操作复杂的视频效果。本节介绍用剪映电脑版完成房产广告短视频剪辑的具体操作方法。

102 用文字成片功能快速生成视频

扫码看教学视频

在剪映电脑版中，用户可以先使用"文字成片"功能快速生成一个视频，然后在这个视频的基础上进行替换和优化。下面介绍在剪映电脑版中用"文字成片"功能快速生成视频的具体操作方法。

步骤 01 单击"文字成片"按钮，在弹出的"文字成片"面板中，❶粘贴文案内容；❷设置朗读音色为"小姐姐"，如图 12-7 所示。

步骤 02 ❶单击"生成视频"按钮；❷在弹出的"请选择成片方式"列表框中选择"智能匹配素材"选项，如图 12-8 所示，即可快速生成一个视频。

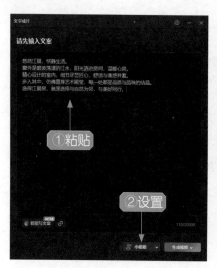
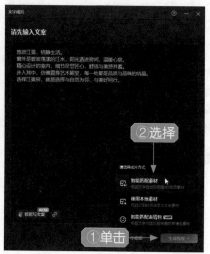

图 12-7   图 12-8

103 对字幕进行分割和调整

扫码看教学视频

视频生成后，用户就可以对视频中的字幕、素材、音频等内容进行调整和修改了。以字幕为例，用户可以将字幕分割成多个小段，便于后续添加样式、动画等操作。下面介绍在剪映电脑版中对字幕进行分割和调整的具体操作方法。

步骤 01 ❶拖曳时间轴至 00:00:01:10 的位置；❷选择第 1 段文本；❸单击"分割"按钮 ，如图 12-9 所示，对其进行分割，并重新生成朗读音频。

步骤 02 在"文本"操作区调整第 1 段文本的内容，如图 12-10 所示。

步骤 03 用同样的方法，对其他文本进行适当分割和调整，并调整文本和朗读音频在各自轨道中的位置，如图 12-11 所示。

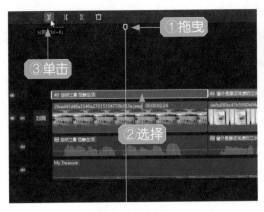
图 12-9

图 12-10

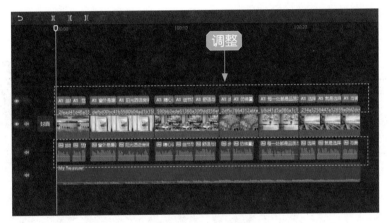
图 12-11

104 替换视频素材

扫码看教学视频

要想让视频与众不同，一个最简单的方法就是使用用户自己的素材，因为这些素材具有独特性，能够带来新鲜感。下面介绍在剪映电脑版中替换视频素材的具体操作方法。

步骤 01 在"媒体"功能区单击"导入"按钮，弹出"请选择媒体资源"对话框，❶选择所有素材；❷单击"打开"按钮，如图 12-12 所示。

步骤 02 执行操作后，即可将所有素材上传。将第 1 段视频拖曳至视频轨道中的第 1 段素材上，如图 12-13 所示。

步骤 03 弹出"替换"面板，单击"替换片段"按钮，如图 12-14 所示，即可完成第 1 段素材的替换。

步骤 04 拖曳时间轴至第 3 段文本的结束位置，❶选择第 2 段素材；❷单击"分割"按钮 ，如图 12-15 所示，将其分割成两段。

图 12-12

图 12-13

图 12-14

图 12-15

步骤 05 用同样的方法，将其余的素材进行替换，如图 12-16 所示，即可提升视频的美观度。

图 12-16

105 设置字幕样式

扫码看教学视频

在剪映电脑版中，用户可以为字幕设置字体、字号、预设样式和动画，制作好看的字幕效果，从而提升视频的美观度。下面介绍在剪映电脑版中设置字幕样式的具体操作方法。

步骤 01 选择第 3 段文本，在"文本"操作区中，❶设置一个合适的字体；❷设置"字号"参数值为 7，如图 12-17 所示，将文字放大。

步骤 02 在"预设样式"选项区中，选择一个好看的文字样式，如图 12-18 所示。设置的字体、字号和预设样式会自动同步到所有文本上。

图 12-17

图 12-18

步骤 03 同时选中第 3 ~ 13 段文本，❶切换至"动画"操作区；❷在"入场"选项卡中选择"渐显"动画；❸设置"动画时长"参数值为 0.2 s，如图 12-19 所示。

步骤 04 ❶切换至"出场"选项卡；❷选择"渐隐"动画；❸设置"动画时长"参数值为 0.2 s，如图 12-20 所示，完成字幕样式的设置。

图 12-19

图 12-20

专家指点

由于设置的动画效果不会自动同步，因此用户可以先全选要添加动画的文本，再设置动画效果，这样就能节省重复操作的时间和精力。

106 制作片头、片尾

扫码看教学视频

通过设置字幕、动画和特效，用户就可以制作简单、耐看的片头、片尾了。下面介绍在剪映电脑版中制作片头、片尾的具体操作方法。

步骤 01 选择第 1 段素材，❶切换至"动画"操作区；❷选择"渐显"入场动画，如图 12-21 所示。

步骤 02 同时选中第 1 段和第 2 段文本，❶取消选中"文本、排列、气泡、花字应用到全部字幕"复选框；❷设置"字号"参数值为 10，如图 12-22 所示，将文字放大。

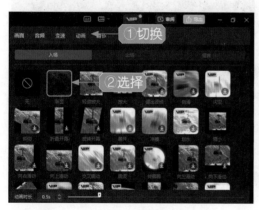

图 12-21

图 12-22

步骤 03 在"预设样式"选项区中，更改文字样式，如图 12-23 所示，让片头字幕与后面的字幕有所区别。

步骤 04 ❶切换至"动画"操作区；❷在"入场"选项卡中选择"晕开"动画；❸设置"动画时长"参数值为 0.2 s，如图 12-24 所示。

步骤 05 ❶切换至"出场"选项卡；❷选择"渐隐"动画；❸设置"动画时长"参数值为 0.2 s，如图 12-25 所示。

步骤 06 调整两段字幕和对应的朗读音频的时长与位置，如图 12-26 所示。

步骤 07 在"播放器"面板中，调整两段文本的位置，如图 12-27 所示，完成片头的制作。

步骤 08 拖曳时间轴至 00:00:25:06 的位置，❶切换至"特效"功能区；❷在"画面特效"｜"基础"选项卡中，单击"闭幕"特效右下角的"添加到轨道"按钮➕，如图 12-28 所示，调整"闭幕"特效的时长，使其比视频时长长一点，完成片尾的制作。

图 12-23

图 12-25

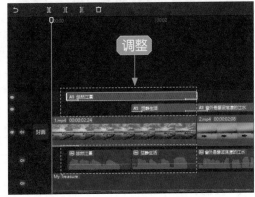

图 12-26

图 12-27

图 12-28

图 12-24

扫码看教学视频

107 对素材进行统一调色

在剪映电脑版中，用户只需要添加一个滤镜，就能完成对所有素材的调色处理，还可以通过设置滤镜的"强度"参数，调整滤镜的作用效果。下面介绍在剪映电脑版中对素材进行统一调色的具体操作方法。

步骤 01 拖曳时间轴至视频起始位置，❶切换至"滤镜"功能区；❷在"露营"选项卡中单击"宿营"滤镜右下角的"添加到轨道"按钮 ⊕，如图 12-29 所示，为视频添加一个滤镜。

步骤 02 在"滤镜"操作区中，设置"强度"参数值为 85，如图 12-30 所示，减轻滤镜的作用效果。

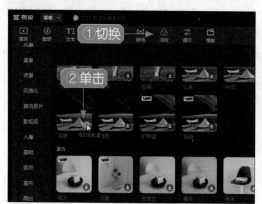

图 12-29

图 12-30

步骤 03 调整"宿营"滤镜的时长，使其与视频时长保持一致，如图 12-31 所示。

图 12-31

扫码看教学视频

108 更换背景音乐

运用"文字成片"功能生成的视频自带一段背景音乐，用户可以根据视频内容更换背景音乐。下面介绍在剪映电脑版中更换背景音乐的具体操作方法。

步骤 01 ❶选择背景音乐；❷单击"删除"按钮🗑，如图 12-32 所示，将其删除。

步骤 02 ❶在"音频"功能区的"音乐素材"选项卡中搜索"浪漫纯音乐"；❷单击相应音乐右下角的"添加到轨道"按钮➕，如图 12-33 所示，为视频添加新的背景音乐。

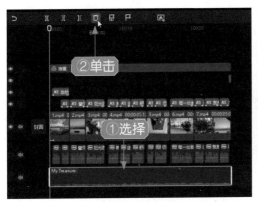

图 12-32

图 12-33

步骤 03 ❶拖曳时间轴至视频结束位置；❷单击"向右裁剪"按钮⟩，如图 12-34 所示，删除多余的音频片段。

步骤 04 在"音频"操作区中，设置"音量"参数值为 -12.0 dB，如图 12-35 所示，降低背景音乐的音量，完成视频的制作。

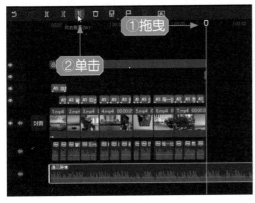

图 12-34

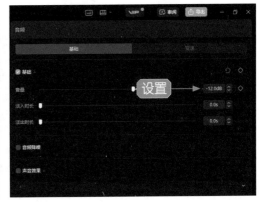

图 12-35